Photoshop 图形图像处理

雷焕平　周春燕　卢　珊　主编

哈尔滨工业大学出版社

图书在版编目(CIP)数据

Photoshop 图形图像处理 / 雷焕平,周春燕,卢珊主编. --哈尔滨 : 哈尔滨工业大学出版社,2021.10
ISBN 978-7-5603-9757-3

Ⅰ. ①P… Ⅱ. ①雷…②周…③卢… Ⅲ. ①图像处理软件 Ⅳ. ①TP391.413

中国版本图书馆 CIP 数据核字(2021)第 211456 号

策划编辑　闻　竹
责任编辑　闻　竹
封面设计　宣是设计
出版发行　哈尔滨工业大学出版社
社　　址　哈尔滨市南岗区复华四道街 10 号　邮编 150006
传　　真　0451－86414749
网　　址　http://hitpress.hit.edu.cn
印　　刷　北京荣玉印刷有限公司
开　　本　787mm×1092mm　1/16　印张　12　字数　310 千字
版　　次　2021 年 10 月第 1 版　2021 年 10 月第 1 次印刷
书　　号　ISBN 978-7-5603-9757-3
定　　价　42.00 元

前言

　　Photoshop 是 Adobe 公司旗下常用的图像处理软件之一，被广泛应用于图像处理、平面设计、插画创作、网站设计、卡通设计、影视包装等诸多领域。基于 Photoshop 在平面设计行业的广泛应用，我们编写了本书，希望能给读者学习平面设计带来帮助。

　　本书主要面向 Photoshop 的初中级读者，按照由浅入深、由分项到合成的思路，以实际应用案例为载体，分章讲解了 Photoshop 操作基础，图像的选取、编辑与移动，图像的修复与润色，图像的绘制，路径与形状，图层与蒙版，通道，文字编辑，滤镜，综合实例。本书从图像处理的角度出发，合理安排知识点，运用简洁流畅的语言，结合丰富实用的练习实例，介绍 Photoshop 在平面图像处理中的应用，使读者可以在最短的时间内学到最实用的知识，轻松掌握 Photoshop 在平面图像处理专业领域的应用方法和技巧。

　　本书既可供考生考试复习使用，也可供 Photoshop 软件爱好者自学之用，为参加图形图像处理模块 Photoshop 高级图像制作员级考试的考生提供翔实的技术资料。

编　者
2021 年 6 月

目录

项目一　Photoshop 操作基础

情　景　导　入

　　当今社会,十分看重宣传力量,宣传无处不在。无论是商家的广告宣传、社会组织的公益宣传,还是政府的法制宣传,往往采用图文并茂的方式。今天,我们开始学习 Adobe 公司的 Photoshop(PS)软件,这是在业界关注度最高的平面设计软件之一,一定能让我们在感受阵阵惊喜中不断前行。

内　容　结　构

Photoshop 操作基础
- 图像处理基础知识必备
- Photoshop 操作界面
- Photoshop 文件的基本操作
- Photoshop 新的功能

学　习　目　标

★技能目标

(1)了解 PS 的功能特色,知道有什么特点。

(2)了解 PS 的一些基本概念,知道图像到底是什么。

★能力目标

(1)培养读者搜集资料、整理资料的能力。

(2)以兴趣促进学习能力的提升。

任务一　图像处理基础知识必备

一、图像的类型

　　计算机图像的基本类型是数字图像,它是以数字方式记录、处理和保存图像文件的。数字图像分为矢量图(向量图)和位图(点阵图),这两类图像有着本质的区别,下面分别做简要介绍。

1

1. 矢量图

矢量图的优点是以线条和色块为主,可以任意放大或缩小,而不会改变图像的质量,并且其文件占用的磁盘空间很小,在任何分辨率下均可正常显示或打印,不会损失细节。因此矢量图形在标志设计、工程绘图、插画设计等方面占有很大的优势。但它的缺点是所绘制的图形通常色彩简单,不能达到位图文件中色彩丰富、逼真的效果,也不方便与其他软件相互转换使用。

2. 位图

位图由许多像素点组成,每个像素都有自己的颜色、强度、位置,它们将决定整个图像的最终效果。位图与矢量图相比较,最大的优点是可以表现丰富的色彩,而且很容易在不同的编辑软件之间进行转换使用。但位图的缺点是在放大时或在过低分辨率的情况下打印时,图像会丢失部分细节,并且分辨率高的位图文件会占用较大的磁盘空间,因此对系统硬件要求还是比较高的。

二、像素与分辨率

像素是组成位图的基本单位。它是一个个有颜色的小方块。文件包含的像素越多,所含的信息就越多,文件也越大,图像品质也就越好。

图像分辨率是指单位长度所含的点或像素的数量。分辨率的单位是用"像素/英寸"或"像素/厘米"来表示的,例如分辨率为 150 像素/厘米,表示图像每厘米含有 150 个点。

三、图像文件格式

Photoshop 共支持 20 多种格式的图像,在这里介绍几种常用的图像格式。

● PSD:这种格式是 Photoshop 中保存文件时默认的文件格式,它可以保存图像的层、通道等信息。由于 PSD 格式所包含图像数据信息较多,因此比其他格式的图像文件所占用的空间大,但是使用这种格式保存文件会方便用户以后对文件进行修改,这是它的优点所在。

● BMP:这种格式是微软公司专用格式,也是最常见的位图格式,但它不支持 alpha 通道。

● JPEG:是一种有损压缩格式,不支持 alpha 通道。

● GIF:不支持 alpha 通道。这种格式产生的文件较小,常用于网络传输,它的优势在于可以保存动画效果。

● PNG:这种格式产生透明背景,可以实现无损压缩方式压缩文件,所以可以产生质量较好的图像效果。

四、色彩模式

色彩模式是指同一属性下不同颜色的集合,它包括 RGB 模式、CMYK 模式、LAB 模式、

索引模式、位图模式、灰度模式和双色调模式等。

在 Photoshop 中定义模式的方法有两种：第一种，在新建文件时定义，在对话框中的"模式"选项里选择要定义的模式；第二种，单击"图像"菜单中的"模式"子菜单进行选择。

1. RGB 模式

RGB 模式是一种最基本、使用最广泛的颜色模式，其中 R 代表红色(red)，G 代表绿色(green)，B 代表蓝色(blue)。每种颜色都有 256 种不同的亮度值，因此 RGB 模式从理论上讲有 $256 \times 256 \times 256$ 种颜色。

2. CMYK 模式

CMYK 模式是一种减色模式，C 代表青色(cyan)，M 代表洋红色(magenta)，Y 代表黄色(yellow)，K 代表黑色(black)。C、M、Y 分别是红、绿、蓝的互补色，由于这三种颜色混合在一起只能得到暗棕色，得不到真正的黑色，所以另外引用黑色。印刷中使用的就是CMYK 色彩模式。

3. LAB 模式

LAB 模式有三个颜色通道，一个代表亮度，另外两个代表颜色范围，分别用 A、B 来表示。A 通道包含的颜色从深绿到灰再到亮粉红色。B 通道包括的颜色从亮蓝到灰再到焦黄色。

当 RGB 和 CMYK 两种模式互相转换时，最好先转换为 LAB 色彩模式，这样可以减少转换过程中颜色的损耗。

4. 灰度模式

灰度模式共有 256 个灰度级，此种模式的图像只存在灰度，没有色度、饱和度等彩色信息，如图 1-1、图 1-2 所示是 RGB 模式转换为灰度模式前后的图像效果。

图 1-1   图 1-2

五、颜色混合模式

● 颜色混合模式是指画笔颜色与图层颜色之间混合的模式,选择不同的混合模式后,绘制的图像效果也会不同。用户可以在画笔工具选项栏模式下拉列表中进行颜色混合模式的设置。

● 正常:在编辑或绘制每个像素时,使其成为结果色。

● 溶解:在编辑或绘制每个像素时,它会根据任何像素位置的不透明度使结果色由基色或混合色的像素随机替换。

● 正片叠底:将基色与混合色相加,结果色总是较暗的颜色。任何颜色与黑色相加都会产生黑色,与白色相加则保持不变。当用黑色或白色以外的颜色绘画时,绘画工具绘制的连续描边将产生逐渐变暗的颜色。

● 颜色加深:通过增加对比度使基色变暗以反映混合色,与白色混合后不发生变化。颜色减淡选项与该选项的功能相反。

● 线性加深:通过减小亮度使基色变暗以反映混合色,与白色混合后不发生变化。"线性减淡"选项与该选项的功能相反。

● 滤色:将混合色的互补色与基色混合,结果色总是较亮的颜色。用黑色过滤时颜色保持不变,用白色过滤时将产生白色。此效果类似于多个摄影幻灯片在彼此之间的投影。

● 叠加:复合或过滤颜色将取决于基色。图案或颜色在现有像素上叠加,同时保留基色的明暗对比,不替换基色,但基色与混合色相混合将反映原色的亮度或暗度。

● 柔光:使颜色变亮或变暗将取决于混合色,此效果与发散的聚光灯照在图像上相似。

● 线性光:通过减小或增加亮度来加深或减淡颜色,加深或减淡颜色的程度取决于混合色。

● 色相:用基色的亮度或饱和度以及混合的色相来创建结果色。

> ● 饱和度：用基色的亮度和色相以及混合色的饱和度来创建结果色。在灰色的区域上用此模式绘画，结果不会产生变化。
>
> ● 颜色：用基色的亮度以及混合色的色相和饱和度来创建结果色，这样就可以保留灰阶，对给单色图像上色和给彩色图像着色都非常有用。

打开 PS 素材，任选图进行各种色彩模式的转换，直观感受不同色彩模式的特点。

任务二　Photoshop 操作界面

了解 Photoshop 的界面布局和基本组成是快速入门的基础。通过熟悉界面的布局和基本特性的使用，可以使用户工作起来更加得心应手。

一、界面布局

打开 Photoshop，一个友好、直观、丰富的界面就会展现出来，这里便是用户绘制图形的地方，如图 1-3 所示。

图 1-3

从图 1-3 中可以看出，Photoshop 界面由视图控制栏、标题栏、菜单栏、工具属性栏、工具箱、图像文件、桌面、浮动控制面板、状态栏等组成。

二、基本组成

1. 标题栏

标题栏用于控制 Photoshop 的工作界面。

2. 菜单栏

在 Photoshop 中,菜单命令是非常重要的,只有掌握菜单命令的使用方法,才能创造出丰富多彩的图像,如图 1-4 所示。

文件(F) 编辑(E) 图像(I) 图层(L) 选择(S) 滤镜(T) 视图(V) 窗口(W) 帮助(H)

图 1-4

下面对菜单栏的基本功能作简要说明:

"文件"菜单:主要对图形文件进行建立、打开、存储、输入/输出等操作。

"编辑"菜单:主要对图形文件进行复制、粘贴、填充、变换等操作。

"图像"菜单:主要控制图像文件的色彩模式、颜色修正和图像尺寸。

"图层"菜单:主要对图像进行层控制和编辑。

"选择"菜单:主要对图像进行选取和对选区进行控制。

"滤镜"菜单:可以为图像添加各种特效滤镜。

"视图"菜单:主要进行视窗控制。

"窗口"菜单:主要进行桌面环境的控制。

"帮助"菜单:为用户提供帮助信息。

3. 工具属性栏

在进行图像处理时,选项栏中会出现工具的相应参数与选项,方便即时更改设置,如图 1-5 所示。

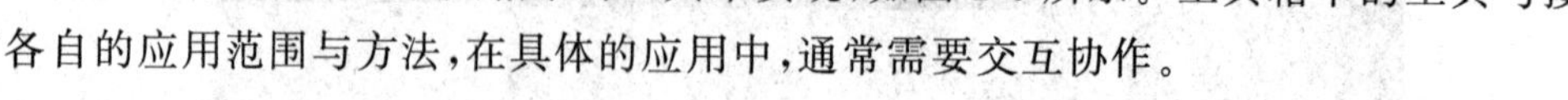

图 1-5

4. 工具箱

工具箱是 Photoshop 的重要组成部分,它放置 Photoshop 中所有的工具,用户平时所做的各种精美图都必须通过工具箱中的工具来实现,如图 1-6 所示。工具箱中的工具与按钮,都有各自的应用范围与方法,在具体的应用中,通常需要交互协作。

5. 浮动控制面板

浮动控制面板也是 Photoshop 的重要组成部分。通过浮动控制面板,可以完成对图层、通道、路径的操作,并实现颜色设定、图层样式应用、视窗大小调整等功能。

Photoshop 中的浮动控制面板是该应用软件的特色之一,它将许多功能整合在一起,从而不会给人杂乱的感觉。通过浮动控制面板,能够完成诸多常用操作。浮动控制面板也可

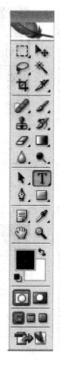

图 1-6

以很方便地隐藏,或只开启需要的功能面板。先具体认识以下几个控制面板:

● "导航器"面板:用于查看图像显示比例和当前显示的区域,并能很方便地进行调整,它相当于缩放工具和手形工具的综合,如图 1-7 所示。

● "信息"面板:可以查看当前图像中光标所在处的坐标位置及颜色等信息,并且在使用框选工具、颜色取样器工具和度量工具时,显示其相关信息,如图 1-8 所示。

● "直方图"面板:可以选择不同的直方图查看方式,即时查看图像当前的直方图信息,还可以查看单个颜色通道的直方图信息,如图 1-9 所示。

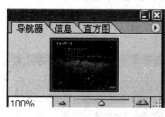

图 1-7

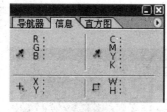

图 1-8

图 1-9

● "颜色"面板:在"颜色"面板中,可以通过不同的方式设置前景色和背景色,也可将设定的颜色添加至色板中,方便以后随时选用,如图 1-10 所示。

● "样式"面板:"样式"控制面板中预设了多种典型的效果样式,使用户能快速地为图层应用这些预制的样式,也可以保存自行创建的图层样式,以及对图层样式进行管理,如图 1-11 所示。

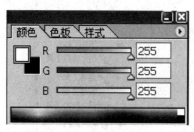

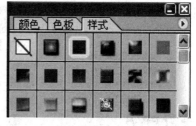

图 1-10   图 1-11

● "历史记录"面板:在默认情况下,可以记录之前 20 步的操作,并能随时返回至其中的某个操作步骤。如图 1-12 所示。

● "动作"面板:可以用来记录、播放及管理动作,如图 1-13 所示。

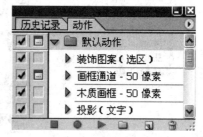

图 1-12   图 1-13

● "图层"面板:图层是 Photoshop 中进行图形编辑的基础,而"图层"控制面板则用于对图层进行管理,并可以在此对图层进行相关的操作,如应用图层样式、应用图层蒙版、创建调整图层、增加删除图层等,如图 1-14 所示。

● "通道"面板:在"通道"控制面板中,根据颜色模式的不同,存在着相应的单色通道。也可以在此进行新通道、复制通道、编辑通道、转换通道为选区、删除通道等操作,如图 1-15 所示。

● "路径"面板:路径是 Photoshop 中唯一的矢量编辑方式,通过"路径"控制面板,可以对路径进行存储。在"路径"控制面板中,还可以进行新建路径、删除路径、转换路径、描边路径、填充路径等操作,如图 1-16 所示。

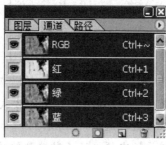

图 1-14   图 1-15   图 1-16

小 贴 士

如果某个浮动面板不可见了,可以单击"窗口"菜单,在弹出的命令列表中选择欲打开的任意浮动面板名称,即可开启该项面板。

6. 图像窗口

图像窗口用于显示进行编辑的图像。图像窗口可以开启多个,但只有一个处于当前编辑状态。

7. 状态栏

在状态栏中,可以调整图像的显示比例,预览可打印区域,并且根据当前所选定的工具给出相应的操作提示。

 小试身手　　　**制作绝色人间图**

设计结果:皑皑的雪山、茫茫的戈壁、缥缈的山水、神奇的梯田,共同构成一幅绝色人间图,如图 1-17 所示。

图 1-17

设计思路:

(1)利用"图像大小"和"画布大小"命令将所有素材调整到合适的大小。

(2)然后新建一空白文件,利用"复制"和"粘贴"命令,将所有素材合成到新的空白文件中。

（3）添加标题文字。

（4）以正确的格式保存文件。

步骤 1

（1）新建一个文件,执行"图像→图像大小"命令,选中"约束比例"复选框,设定图像高度为 300 像素,然后单击对话框的"好"按钮,如图 1-18 所示。

（2）执行"图像→画布大小"命令,设置宽度为 33.3 厘米,根据图像本身的构图,在定位栏单击某个方块以指示现有图像在新画布上的位置,如图 1-19 所示。

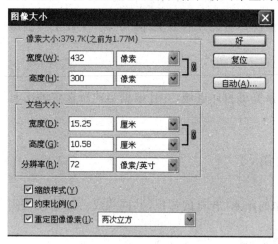

图 1-18

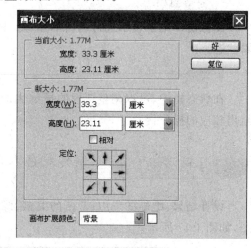

图 1-19

画布大小功能可以让用户修改当前图像周围的工作空间即画布尺寸来裁剪图像。

（3）重复以上两个步骤,将其余三个素材图 SC2.JPG、SC3.JPG、SC4.JPG 都改成 400×300 像素大小。

步骤 2

下面新建一个空白文件,并将所有素材合成到该空白文件中。

（1）新建文件,设置图像大小为 800×600 像素,RGB 模式,白色背景,如图 1-20 所示。

（2）激活已经改变大小的素材图 SC1.JPG,执行"选择→全选"命令,选取整个图像文件。

（3）在选择状态下,继续执行"编辑→拷贝"命令,复制被选取的内容。

（4）激活新建的空白文件,执行"编辑→粘贴"命令。

（5）利用移动工具,将粘贴的图像移动到文件的左上角。

（6）重复本步骤（2）~（5）,将其余三个已经调整好尺寸的素材粘贴到新文件中,并放在适当的位置,如图 1-21 所示。

图 1-20

图 1-21

步骤3

接下来为新建立的图像文件配上标题文字。

(1)在图层面板中选择最上面的图层4。

(2)选择工具栏中的横排文字工具,在文字工具的选项栏中设置字体为华文彩云,字体大小为 100 点,文本颜色为 RGB(255,130,0)。输入文本"绝色人间",单击文字工具栏右侧的"提交"按钮,如图 1-22 所示。

图 1-22

(3)利用移动工具将文本移至合适的位置。

(4)右击图层面板中的文字图层,在弹出的快捷菜单中选择"混合"选项。

(5)在弹出的图层样式对话框中选中"投影"和"外发光"两种,使用默认参数,如图 1-23 所示。

步骤 4

(1)执行"文件→存储"命令,在弹出的"存储为"对话框中,选择合适的保存位置,在文件名中输入"绝色人间",保存格式为 Photoshop(*.psd;*.pdd),如图 1-24 所示。

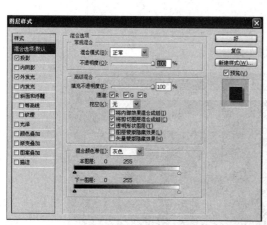

图 1-23

图 1-24

(2)再次执行"文件→存储"命令,在弹出的"存储为"对话框中,选择合适的保存位置,在文件名中输入"绝色人间",保存格式为 jpg。

任务三　Photoshop 文件的基本操作

一、图像文件的创建

要建立一个新的图像文件,请选择"文件→新建"命令,或按 Ctrl＋N 组合键,弹出如图 1-25 所示的对话框,在此对话框中可以设置新建文件的名称、大小、分辨率、颜色模式、背景内容和颜色配置文件等。

"新建"对话框中的各选项说明如下:

(1)"名称":在"名称"文本框中可以输入新建的文件名称,中英文均可;如果不输入自定的名称,则程序将使用默认文件名,如果建立多个文件,则文件按未标题-1、未标题-2、未标题-3,等等,依次给文件命名。

(2)"预设":可以在如图 1-26 所示的"预设"下拉列表中选择所需的画布大小(如美国标准纸张、国际标准纸张、照片等)。

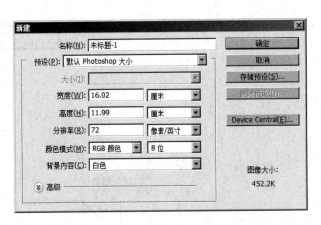

图 1-25

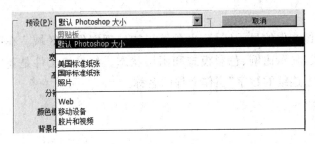

图 1-26

（3）宽度/高度：可以自定图像大小（也就是画布大小），即在"宽度"和"高度"文本框中输入图像的宽度和高度（还可以根据需要在其后的下拉列表中选择所需的单位，如英寸、厘米、派卡和点等）。

（4）分辨率：在此可以设置文件的分辨率，分辨率的单位通常使用"像素/英寸"或"像素/厘米"。

（5）颜色模式：在其下拉列表中，可以选择图像的颜色模式，通常提供的图像颜色模式有位图、灰度、RGB 颜色、CMYK 颜色及 Lab 颜色五种。

（6）背景内容：也称背景，也就是画布颜色，通常选择白色。

（7）"高级"：单击"高级"前的按钮，可以显示或隐藏高级选项栏，显示的高级选项如图 1-27 所示。

（8）颜色配置文件：在其下拉列表中可以选择所需的颜色配置文件。

（9）像素长宽比：在其下拉列表中可以选择所需的像素纵横比。确认所输入的内容无误后，单击"确定"按钮或按 Tab 键选中"确定"按钮之后按 Enter 键，这样就建立了一个空白的新图像文件，如图 1-28 所示，可以在其中绘制所需的图像。

图 1-27

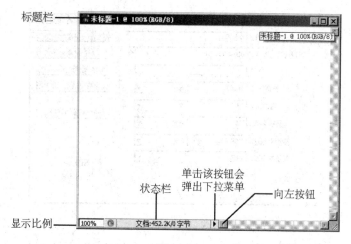

图 1-28

　　图像窗口是图像文件的显示区域,也是编辑或处理图像的区域。在图像的标题栏中显示文件的名称、格式、显示比例、色彩模式和图层状态。如果该文件是新建的文件并未保存过,则将"未标题加上连续的数字"当作文件的名称。

　　　　在图像窗口中可以实现所有的编辑功能,也可以对图像窗口进行多种操作,如改变窗口大小和位置、对窗口进行缩放、最大化与最小化窗口等。

　　还可以在图像窗口左下角的文本框中输入所需的显示比例。在其后单击 ▶ 按钮,弹出如图 1-29 所示的状态栏菜单,可以在其中选择所需的选项。

图 1-29

　　将指针指向标题栏上按住左键拖动,即可拖动图像窗口到所需的位置。将指针指向图像窗口的四个角或四边上成双向箭头状时按住左键拖动可缩放图像窗口。
　　如果要关闭图像窗口,可以在标题栏的右侧单击"关闭"按钮,将图像窗口关闭。

二、图像文件的打开

　　如果需要对已经编辑过或编辑好的文件(它们不在程序窗口)重新编辑,或者需要打开一些以

前的绘图资料,或者需要打开一些图片进行处理等,可以选择"打开"命令来打开图像文件。

1. 利用"打开"命令打开图像文件

(1)选择"文件→打开"命令,便会弹出图 1-30 所示的对话框。

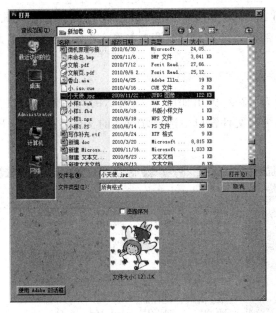

图 1-30

在"查找范围"下拉列表中可以选择所需打开的文件所在的磁盘或文件夹名称。

在"文件类型"下拉列表中选择所要打开文件的格式。如果选择"所有格式",会显示该文件夹中的所有文件,如果只选择任意一种格式,则只会显示以此格式存储的文件。

(2)在文件窗口中选择需要打开的文件,该文件的文件名就会自动显示在"文件名"文本框中,单击"打开"按钮或双击该文件,可以在程序窗口中打开所选文件,如图 1-31 所示。

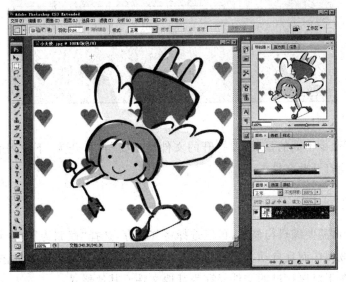

图 1-31

小 贴 士

如果要同时打开多个文件,需在"打开"对话框中按住 Shift 键或 Ctrl 键,用鼠标选择所需打开的文件,再单击"打开"按钮;如果不需要打开任何文件则单击"取消"按钮即可。

2. 利用"打开为"命令以某种格式打开文件

选择"文件→打开为"命令,弹出如图 1-32 所示的对话框,并在"文件类型"下拉列表中选择所需的文件格式,再在文件窗口中选择好所需的文件后单击"打开"按钮,即可将该文件打开到程序窗口中。

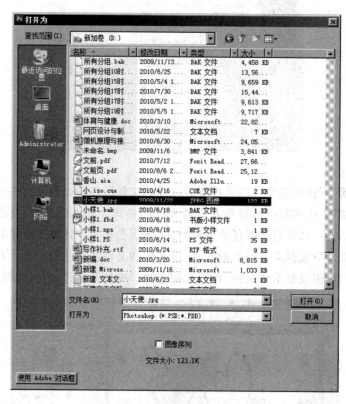

图 1-32

它与"打开"命令不同的是,所要打开的文件类型要与"打开为"下拉列表中的文件类型一致,否则就不能打开此文件。

三、图像文件的保存

如果图像不再需要编辑与修改,可以选择将其保存,选择"存储为"命令将其另存为一个副本,原图像不被破坏而且自动关闭。选择"文件→存储为"命令,弹出如图 1-33 所示的对话框,它的作用在于对保存过的文件保存为其他文件或其他格式。

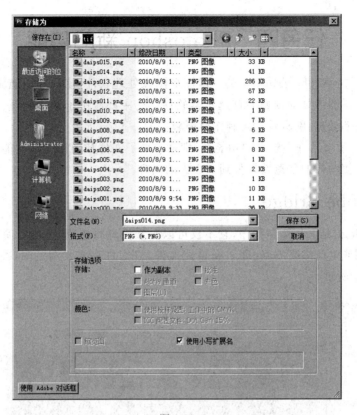

图 1-33

如果在存储时该文件名与前面保存过的文件重名,则会弹出一个警告对话框,如果确实要进行替换,单击"是"按钮,如果不替换原文件,则单击"否"按钮,然后再对其进行另外命名或选择另一个保存位置。

"存储"命令经常用于存储对当前文件所做的更改,每一次存储都会替换前面的内容,在Photoshop 中以当前格式存储文件。

四、关闭文件

当编辑和绘制好一幅作品后需要存储并关闭该图像窗口。

如果该文件已经存储了,则在图像窗口标题栏上单击"关闭"按钮,或选择"文件→关闭"命令即可将存储过的图像文件直接关闭。

如果该文件还没有存储过或是存储后又更改过,那么它会弹出一个警告对话框,询问是否要在关闭之前对该文档进行存储,如果要保存就单击"是"按钮,如果不存储则单击"否"按钮,如果不关闭该文档就单击"取消"按钮。

如果程序窗口中有多个文件并且需要全部关闭,应选择"文件→关闭全部"命令。如果还有文件没有保存,那么它会弹出一个对话框,询问是否要在关闭之前对该文档进行存储,可以根据需要单击相关按钮进行存储或不保存而直接关闭。

任务四　Photoshop 新的功能

Photoshop 是 Adobe 公司推出的一款图形图像处理软件,该软件功能完善、性能稳定、使用方便,是图形图像处理领域的首选工具软件。它主要应用于照片处理、平面设计、图书出版、效果图后期处理、网页及动画制作等领域。

Photoshop 新增了许多强大的功能,特别是新增了文件和图像处理功能,大大提高了用户的工作效率,使图像的创意效果得到了更大的提升。

一、Adobe Bridge

Adobe Bridge 是文件浏览程序,它不仅可以对文件进行浏览,还可以简单地处理图,修改图大小、比例或生成缩略图,处理 raw 格式文件,以幻灯片方式浏览图,查找 metadata 等功能,如图 1-34 所示。

图 1-34

二、消失点功能

新增的消失点功能可以匹配图像区域的角度,对图像进行延续、克隆,大大提高了用户处理的效率,使图像效果更加自然,如图 1-35 所示。

图 1-35

三、多图层图像操作功能

在 Photoshop 中可以同时选择多个图层，从而对多个图层对象进行选择、移动、建组、变形、扭曲等方面的操作，也可以使用智能向导对齐多个图层中的对象。

四、智能对象

用户可以在其中嵌入栅格或矢量图像数据，嵌入的数据将保留其原有特性，并仍然可以编辑。可以在 Photoshop 中通过转换一个或多个图层来创建智能对象。此外还可以在 Photoshop 中粘贴或放置来自 Illustrator 的数据。

智能对象使用户能够灵活地在 Photoshop 中以非破坏性方式缩放、旋转图层或将图层变形。

项目二　图像的选取、编辑与移动

情　景　导　入

　　当你看到自己拍的照片的背景很糟糕时，你是不是想换个漂亮的背景呢？当你想要给自己所在城市设计宣传海报时，你是不是想要把各种素材进行选取合成呢？当你想把自己的照片制作成精致的贺卡发给远方的朋友时，你是不是要选取素材呢？只要利用PS进行平面设计就离不开对素材的选择，而实施的工具就是丰富的PS选区制作工具。利用这些工具能进行各种图片合成和图像制作。我们把选取合适的素材称为抠图，本章就带你去探索PS丰富的选区制作空间。

内　容　结　构

图像的选取、编辑与移动 { 选区工具组
选区的编辑操作

学　习　目　标

　　★技能目标

　　(1)掌握PS选区的作用，并根据实际需要，对选区进行各种相连操作。

　　(2)掌握如何对选区进行移动、变换、羽化等操作。

　　(3)掌握选框工具的使用方法，会利用选框工具抠图和制作图形。

　　(4)掌握魔棒工具的使用方法，会利用魔棒工具进行抠图。

　　(5)掌握套索工具的使用方法，会利用套索、磁性套索、多边形套索工具进行复杂抠图。

　　★能力目标

　　逐步形成确立任务、分析任务、分解任务、思考完成任务的工作思路，善思多问，不断提高。

任务一　选区工具组

在 Photoshop 的工具箱中，可以选择三种类型的选区工具来创建选区：规则选框工具、魔棒工具、套索工具。

一、规则选框工具组

1. 矩形/椭圆形选框工具

选择该工具在图像中拖动鼠标，可以创建一个矩形选择区域。按住 Alt 键单击该工具，可在矩形和椭圆形选框工具之间切换。椭圆形选框工具用于建立椭圆形或圆形的选区，如图 2-1 所示。

图 2-1

在工具箱中选择选区工具后，工具选项栏将显示该选框工具的各项设置参数。

● ：这四个按钮的功能分别是：创建新选区、添加到选区、从选区中减去、与选区交叉。

● 羽化：如果要柔化选区范围的边缘，可在选项栏的"羽化"文本框中输入像素值。如果是使用椭圆形选框工具，则可以选中"消除锯齿"复选框，以避免绘制的椭圆选区边缘出现锯齿现象。

● 样式：在此下拉列表中可选择不同的选区创建样式。当选择"正常"样式时，选区大小由按住鼠标左键拖动的范围来控制；选择"约束宽比"时，所建立的选区将保持在后面文本框中设置的长宽比；选择"固定大小"时，在后面的文本框中输入具体的尺寸大小，然后在图像窗口中单击鼠标左键，即可按设置好的长度尺寸创建选区，如图 2-2 所示。

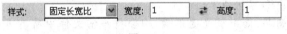

图 2-2

2. 单行和单列选框工具

单行选框工具和单列选框工具的使用比较简单，它们分别被用来创建高度为 1 像素或宽度为 1 像素的选区，如图 2-3、图 2-4 所示。

图 2-3

图 2-4

二、魔棒工具

魔棒工具可以用来选择图像中颜色相同或相似的不规则区域。在选取"魔棒工具"后，单击图像中的某个点，即可将图像中该点附近颜色相同或相似的区域选取出来，如图 2-5 所示。

图 2-5

● 容差：用于设置选定颜色相似范围的大小。它的含义是指在用魔棒工具单击的色彩点上下偏差 32 个像素的色彩区域都能被选取。数值越大，选取的颜色区域越广，反之越小。

● 连续的：选中该复选框后，只能选择与单击点相连的同色区域；未选中时，则将整幅图像中的同色区域全部选中。

● 用于所有图层：选中该复选框后，则会将当前文件中所有可见图层中的相同颜色的区域全部选中，如图 2-6 所示。

图 2-6

"快速选择工具"主要是通过调整圆形画笔的笔尖大小、硬度和间距等参数，在图像窗口中快速建立选区。选中该工具并在图像上拖动鼠标时，选区将会自动向外扩展，并自动查找和跟踪满足设定参数的选区边缘。如图 2-7 所示。

图 2-7

● 画笔:弹出画笔设置面板,利用面板可以对涂抹的画笔参数进行设置。

● "自动增强"复选框:选中该复选框,可以减少选区边缘的粗糙程度,实现边缘调整。

三、套索工具组

利用套索工具组,可以手动选取不规则的区域。套索工具组包括"套索工具""多边形套索工具"和"磁性套索工具",如图 2-8 所示。

1. 套索工具

图 2-8

选择该工具,拖动鼠标可以建立任意形状的选择区域。由于在拖动的过程中,鼠标很难控制选择区域的形状,所以经常用于绘制要求不太严格的区域形状。

2. 多边形套索工具

使用该工具可以产生一个多边形的选择区域,当多边形的边足够时,它能很好地模拟各种曲线形状的选择区域。多边形套索工具能够精确地控制选择区域的形状。它的缺点是:在选择区域时比较费时费力。

3. 磁性套索工具

这个工具使用曲线来建立任意形状的选择区域,它与套索工具的区别在于:用户只需大体指定选区的边界,就能够自动根据图像颜色的区别来识别选择区域的边界。

当选择磁性套索工具后,可以通过工具属性栏对参数进行设置,以达到所需的效果,如图 2-9 所示。

图 2-9

● 宽度:设置在距离鼠标指针多大的范围内检测边界,它的取值范围是 1~40。

● 频率:设置磁性套索工具的定位点出现的频率,取值范围是 0~100。

● 边对比度:设置检测图像边界的灵敏度。

任务二 选区的编辑操作

除了前面介绍的建立选区的方法之外,还可以通过菜单命令对选区进行更多的操作。

一、全选

全选是指将当前图像窗口中的所有区域都选取。执行"全选"命令,或按下 Ctrl+A 组合键,如图 2-10 所示。

图 2-10

二、取消选区与重选

执行"选择→取消选择"命令或按下 Ctrl＋D 组合键,即可取消当前窗口中的所有选区,若要恢复对图像区域的选取,可执行"选择→重新选择"命令或按下 Shift＋Ctrl＋D 组合键即可。

在取消选区后,如果没有执行其他任何操作,可执行"编辑→还原"命令或按下 Ctrl＋Z 组合键,撤销上一步的操作,从而恢复对图像区域的选取。

三、反选

反向选取是指选取当前选区以外的区域。执行"选择→反向"命令或按下 Ctrl＋Shift＋I 组合键即可,如图 2-11、图 2-12 所示。

图 2-11

图 2-12

四、羽化选区

使用除魔棒工具以外的其他选区工具创建选区时,用户可以在工具选项栏中的"羽化"文本框中输入数值。

羽化半径值越大,羽化效果越明显。

五、修改选区

在图像中创建选区后,执行"选择→修改"命令,可以对选区进行边界平滑、扩展和收缩方面的修改。

1. 设置选区的边界

边界命令用于设置选区周围的像素宽度,其操作方法是:在图像中创建选区后,执行"选择→修改→边界"命令,在打开的"边界选区"对话框中输入所需的边界宽度值,单击"确定"即可,如图 2-13 所示。

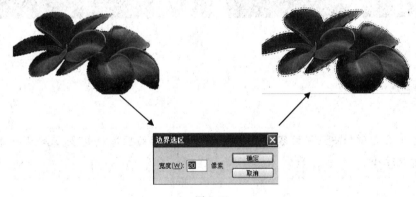

图 2-13

设置选区的边界宽度后,用户可以对边界进行色彩的填充,以产生描边的效果,如图2-14所示。

2. 扩展与收缩选区

扩展命令用来扩大选区的范围,收缩命令用来缩小选区的范围。

图 2-14

六、扩大选区

扩大选区命令是指根据当前图像选区内的颜色参数,将指定容差范围内的相邻像素区域增加到选区,如图 2-15、图 2-16 所示。

图 2-15

图 2-16

魔棒工具选项栏中设置的容差值越大,扩大选取后的区域就越多,反之扩大的选取区域相对就越小。

七、选取相似

执行"选择→选取相似"命令,系统会根据当前选区中的颜色参数,将整个图像中位于容差范围内颜色相似的像素都选取,如图 2-17、图 2-18 所示。

图 2-17　　　　　　　　　　　　　　　　　　　　图 2-18

八、变换选区

　　通过变换选区功能,可以对选区进行缩放、旋转、扭曲、变形、翻转等操作。在图像中创建选区后,执行"选择→变换选区"命令,此时在选区周围出现了控制框以及工具选项栏,如图 2-19、图 2-20 所示。

图 2-19

图 2-20

> ● 在 X 和 Y 文本框中输入数值,可以精确设置选区。
> ● 在 W 和 H 文本框中输入数值,可以精确改变选区的宽度和高度。
> ● 在角度文本框中输入角度值,可以精确改变选区的角度。

九、移动选区

　　图像中创建选区后,可以根据选取区域的不同,利用移动工具对其进行移动。

十、添加选区

在创建选区后,如果需要添加选取范围,在选区工具栏中单击"添加到选区"按钮即可。

十一、减除选区

在选区工具选项栏中单击"从选区中减去"按钮即可。

十二、交叉选区

交叉选区是指将两个或多个选区中交叉的部分区域保留为选区,其他区域将被取消选取。

图 2-21

 小试身手　　金色海岸图像合成效果

设计结果:落日熔金、和煦海风、斜阳晚照、令人沉醉。与此相对应的是绵延千里、碧波万顷的金色海岸线,一座倚山面海的美丽城市。金色海岸图像合成效果如图 2-21 所示。

设计思路：

（1）利用"磁性套索"和"粘贴"命令将两幅图像进行合成。

（2）利用"磁性套索"和"套索工具"选取城市，利用"粘贴"命令将其添加到合成图像中。

（3）利用"色彩平衡"命令调整图像颜色，使其色彩显示协调。

步骤 1

（1）打开文件，如图 2-22 所示。

（2）打开文件，如图 2-23 所示。

图 2-22

图 2-23

（3）用素材 SC1.2－2.JPG 的金色海岸背景替换素材 SC1.2－1.JPG 的蓝色天空部分。

（4）选取魔棒工具，在其选项中设置容差值为 50。单击素材中的蓝色天空部分，如图 2-24所示。

图 2-24

小 贴 士

在现有选区中增加选区用 Shift 键,减少选区用 Alt 键。

(5)激活用作填充的另一个素材图像,按快捷键 Ctrl＋A 选中整个图像,按 Ctrl＋C 复制选定范围中的图像,如图 2-25 所示。

(6)激活蓝色天空素材图像,执行"编辑→粘贴入"命令,将复制的图像粘贴到选定范围中。

"粘贴入"命令可以将源选区的内容被目的选区蒙住显示。在图层面板中,原选区的图层缩览图出现在目的选区的图层蒙版缩览图的旁边,如图 2-26 所示。二者未链接时可以单独移动。

图 2-25

图 2-26

(7)在图层面板中,单击图层 1 的缩览图部分,用移动工具在场景中向上移动粘贴入的素材部分,如图 2-27 所示。

图 2-27

步骤2

(1)打开文件,如图 2-28 所示。

图 2-28

(2)首先用套索工具在城市外围拖动,然后使用魔棒工具去除天空与地面的多余部分。按快捷键 Ctrl＋C 复制选中的城市图像,执行"编辑→粘贴"命令,最后执行"编辑→变换→水平翻转",将图像进行水平翻转。执行"编辑→自由变换"命令,将城市图像调整到合适的位置,如图 2-29 所示。

步骤3

最后为了使所组合的图像色彩和谐,利用色彩平衡命令调整图像颜色。

(1)在图层面板中,选取背景层。执行"图像→调整→色彩平衡"命令,设置色阶为(＋71,－27,－48),如图 2-30 所示。

图 2-29

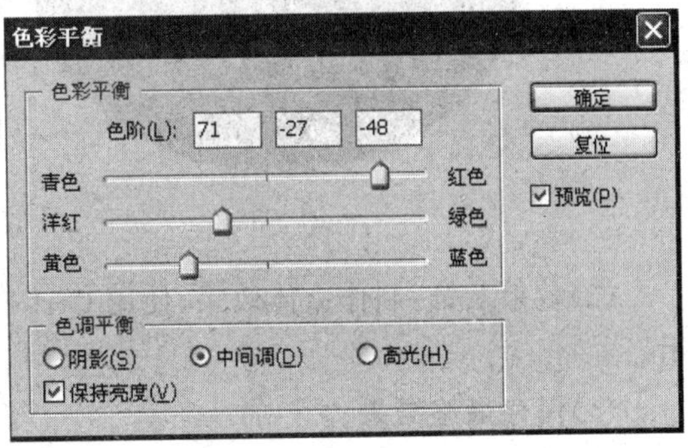

图 2-30

(2)在图层面板中,选取图层 2 即城市所在图层,执行"图像→调整→去色"命令,将该图层转换为灰度图像。

（3）执行"图像→调整→亮度/对比度"命令，设置亮度为－55，对比度为－68，如图 2-31 所示。

图 2-31

（4）执行"图像→调整→色彩平衡"命令，设置色阶为（＋72,0,－86）。

（5）将作品保存为"金色海岸"。

任务三　上机练习

一、制作立体饼状物

（1）新建文件：新建大小为 500×500 像素的新文件。建立选区：建立直径为 230 像素的图形，制作饼状比例示意图。

（2）选区编辑：填充 270 度绿色（＃0A9204）、50 度红色（＃A40603）和 40 度蓝色（＃1709DC），如图 2-32 所示。

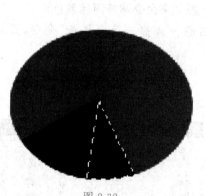

图 2-32　　　　　　　　　　　　　　图 2-33

（3）效果装饰：制作立体效果，使用 Ctrl＋Alt＋↓组合键转变为立体效果，如图 2-33 所示。

（4）保存最终结果。

二、制作三色谱

（1）建立选区：制作直径为 85 像素的红色（＃F60400）、绿色（＃08FB01）和蓝色（＃0100FE）三个圆形，如图 2-34 所示。

（2）选区编辑：将红蓝圆形选区交集填充为洋红色（♯F704FE），将红绿圆形相交处填充为黄色（♯FEFF01），将绿蓝圆形相交处填充为青色（♯09FBFF），将红绿蓝三圆相交处填充为白色（♯FFFFFF），如图 2-35 所示，可以使用锁定透明像素的方法，但方法并不是仅此一种。

（3）保存最终结果。

 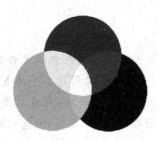

图 2-34   图 2-35

三、制作撕纸效果

(1)建立选区：剪切中心四个花朵，将图像去色处理作为背景纸，挖空中心约 1/3 的面积。

(2)选区编辑：建立舌形毛边渐变选区，复制 7 个，围绕一周。

(3)效果装饰：制作四个花朵破纸而出的效果。

效果如图 2-36 所示。

图 2-36

项目三　图像的修复与润色

▶ 情 景 导 入

　　当你对自己所拍照片的色彩很无奈时,你是不是很想把它们变得漂亮些呢? 当你在设计作品时,苦于不知道用什么手法来表现主题时,你是不是很渴望借助某种力量帮你实现呢? ……这一切的一切,都离不开对色彩的理解,离不开对 PS 色彩工具的掌握。那就让我们调整心情,开始深入 PS 色彩调节领域吧,相信你一定会获益匪浅。

▶ 内 容 结 构

图像的修复与润色
- 修复画笔工具组
- 历史画笔工具组
- 使用编辑工具
- 橡皮擦工具组
- 图章工具组
- 模糊工具组
- 亮化工具组
- 颜色调整命令

▶ 学 习 目 标

★技能目标

(1)掌握 PS 调色的作用和功能,会根据不同的目的进行不同的选择。

(2)掌握利用色阶、曲线、亮度/对比度命令来对图像进行明暗度调整的方法。

(3)掌握利用色相/饱和度、色彩平衡、可选颜色命令来对图像进行调色处理的方法。

(4)掌握利用去色、渐变映射、色调均化命令来对图片做去色处理的方法。

(5)掌握利用阈值命令把图像变成黑白色并具体应用的方法。

★能力目标

(1)培养灵活、综合运用知识的能力。

(2)培养读者了解色彩、感受色彩,把色彩和情感结合起来的能力。

任务一　修复画笔工具组

修复画笔工具组包括污点修复画笔工具、修复画笔工具、修补工具和红眼工具。它们的功能是辅助画笔工具,对绘制的图像进行相应的修补,从而获得更好的画面效果。

1. 污点修复画笔工具

污点修复画笔工具会自动对图像中的不透明度、颜色与质感进行像素取样,只需要在污点上单击鼠标左键即可校正图像上的污点。选择该工具后,出现图3-1所示的工具选项栏。

图3-1

2. 修复画笔工具

修复画笔工具,可以将图像的缺失部分加以修整,该工具和仿制图章工具类似,同样都是通过复制局部图像来进行修补,不同的是,修复画笔工具能让复制的图像与原图像之间产生比较自然的融合。选择该工具后,出现图3-2所示的工具选项栏。

图3-2

● 取样:选中该单选按钮,然后在图像中按住 Alt 键的同时单击进行取样,以取样点的图像覆盖需要修改的区域。

● 图案:选中该单选按钮,可以在后面的下拉列表框中选择一个适合的图案,使用该图案来修复需要修改的区域。

3. 修补工具

修补工具可以非常方便地对图像中的某一个区域进行修补,选择该工具后,出现如图3-3所示的工具选项栏。

图3-3

● 源:选中该单选按钮,选区内的区域将作为修补的对象,拖动选区至用于修补该区域的部位,释放鼠标后,用于修补的图像区域将被复制至需要修补的区域,并自动与周围的像素与色彩进行融合,以达到修复的效果。

● 目标:选中该单选按钮后,操作方法与选择"源"相反,选区内的区域将作为用于修补的图像区域,将该区域拖至需要修改的位置,释放鼠标后,选区中的图像也会与周围的像素和色彩自然融合。

4. 红眼工具

使用红眼工具可以对图像中因曝光等问题而产生的颜色偏差进行有效修正,选择该工具后,出现如图 3-4 所示的工具选项栏。

图 3-4

- ● 瞳孔大小:用于设置瞳孔的大小。
- ● 变暗量:用于设置瞳孔变暗的程度。

设置好各项参数后,在图像中的红眼位置上单击鼠标,即可消除红眼。

任务二 历史画笔工具组

历史画笔工具组包括历史记录画笔工具和历史记录艺术画笔,如图 3-5 所示。下面分别介绍使用这两种工具的方法。

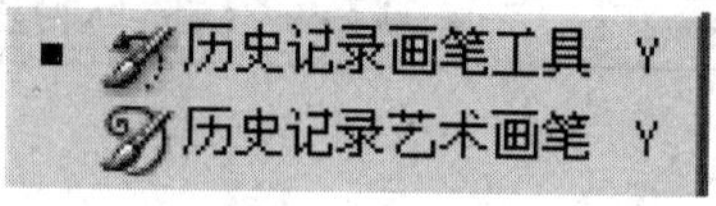

■ 历史记录画笔工具 Y
历史记录艺术画笔 Y

图 3-5

1. 历史记录画笔工具

历史记录画笔工具用来记录图像中的每一步操作,它可以将图像恢复为历史记录面板中的某一历史状态,以此产生特殊的图像效果。

2. 历史记录艺术画笔

历史记录艺术画笔工具同样可以让用户根据目前图像中的某个记录或快照来绘制图像,不同的是,它可以设置画笔的笔触,以产生特殊的图像效果,历史记录艺术画笔的工具选项栏如图 3-6 所示。

图 3-6

- ● 样式:用于选择绘图的样式,其中提供了 10 种样式,每种样式都能产生不同的效果。
- ● 区域:用于设置绘制时所覆盖的像素范围。数值越大,画笔所覆盖的范围就越大,反之就越小。

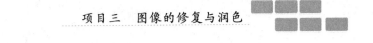

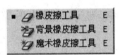

这里只是简单介绍了使用历史记录画笔工具进行图像绘制的其中一种方法,用户还可以对图像应用多种效果后,再使用该工具对图像进行绘画,以达到各种不同的艺术效果。

任务三　橡皮擦工具组

橡皮擦工具组包括橡皮擦工具、背景橡皮擦工具和魔术橡皮擦工具,如图 3-7 所示。下面分别介绍它们的使用方法。

图 3-7

1. 橡皮擦工具

橡皮擦工具可以擦掉图像中不需要的像素,并自动以背景色填充擦除区域。如果对图层使用,则擦除区域将变为透明状态,橡皮擦工具选项栏如图 3-8 所示。

图 3-8

● 模式:在该选项下拉列表中可以选择橡皮擦的擦除模式。其中包括三种类型,选择不同的类型,擦除的效果也会不同。

● 抹到历史记录:选中该复选框,系统不再以背景色可透明填充被擦除的区域,而是以历史记录面板中选择的图像状态覆盖当前被擦除的区域。

2. 背景橡皮擦工具

背景橡皮擦工具可以擦除图像中相同或相似的像素并使之透明,背景橡皮擦工具选项栏如图 3-9 所示。

图 3-9

● 连续取样模式按钮：单击该按钮，可以使用此工具随着移动操作对颜色进行连续取样，此时工具箱中的背景色会随操作过程不断变化。

● 次取样模式按钮：单击该按钮以选择此模式后，仅在开始擦除操作时进行一次性取样操作，此时工具箱中的背景色为第一次单击图像所取得的颜色。

● 背景色板取样模式按钮：单击该按钮以选择此模式后，会以背景色进行取样，在该模式下只能擦除图像中有背景色的区域。

● 限制：在该下拉列表中可以选择擦除所限制的类型。选择"不连续"选项，可以擦除所有工具操作区域内与取样颜色相同或相近的区域；选择"连续"选项，只能擦除在容差范围内与取样颜色连续的区域；选择"查找边缘"选项，可以在擦除颜色时保存图像中对比明显的边缘。

● 容差：用于设置擦除图像时的色彩范围。数值越大，擦除的区域越大，反之越小。

● 保护前景色：选中此复选框，可以在擦除图像时做到，与前景色相同的图像区域将不被擦除。

▶ 小 贴 士

　　使用背景橡皮擦工具擦除图像后，背景图层将自动转换为普通图层。关于背景图层与普通图层的区别，本书将在后面的章节中为读者详细介绍。

3. 魔术橡皮擦工具

　　魔术橡皮擦工具是一个非常实用的工具，用户只须在需要擦除的区域上单击，即可快速擦除图像中所有与取样颜色相同或相近的像素。选取该工具后，出现图 3-10 所示的魔术橡皮擦工具选项栏。

图 3-10

　　● 消除锯齿：选中该复选框后，可以消除擦除后图像中出现的锯齿，使擦除后的图像边缘变得光滑。

　　● 连续：选中该复选框后，魔术橡皮擦工具只能擦除连续的在色彩容差范围内的图像像素，反之则可以擦除当前图像中所有在色彩容差范围内的图像像素。

任务四　图章工具组

图章工具组主要用于对图像的修补和复制等处理,它包括仿制图章工具和图案图章工具,如图 3-11 所示。下面分别介绍它们的使用方法。

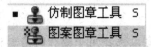

图 3-11

1. 仿制图章工具

仿制图章工具可以将图像中的局部图像复制到同一图像中或另一幅图像中,仿制图章工具选项栏如图 3-12 所示。

图 3-12

● 对齐:选中该复选框,整个取样区域仅应用一次,即使操作由于某种原因而停止。

步骤

(1)打开一个图像文件,如图 3-13 所示。选择"仿制图章工具"后,在工具选项栏中设置适当的画笔大小,在图像中需要复制的位置按住 Alt 键的同时单击。

(2)在图像窗口中的目标位置单击并进行涂抹,即可得到复制源图像的效果,如图 3-14 所示。

图 3-13

图 3-14

 小 贴 士

　　在复制图像时,按住 Shift 键的同时拖动鼠标,仿制图章工具将以直线的方式复制图像。

2. 图案图章工具

图案图章工具与仿制图章工具的功能基本相似,但是该工具不是复制图像中的局部图像,而是将预先定义好的图章复制到图像中,图案图章工具的选项栏如图 3-15 所示。

图 3-15

● 在图案下拉列表框中可以选择用于操作的图案样式。系统提供的样式以及自定义的图案都会列在该下拉列表框中。

● 印象派效果:选中该复选框,利用图案图章工具绘制的图案将具有印象派的绘画效果;取消选中后,将直接应用所选择的图案进行绘制。

下面通过自定义图案样式的方式,介绍图案图章的使用方法。

(1)打开需要定义为图案的图,如图 3-16 所示。

(2)执行"编辑→定义图案"命令,在弹出的图案名称对话框中为图案命名后,单击"确定"按钮,即可完成自定义图案的操作,如图 3-17 所示。

图 3-16   图 3-17

第 3 步:新打开一张图像文件,如图 3-18 所示。选择图案图章工具,在其工具选项栏中的图案下拉列表框中选择自定义的图案样式,设置好画笔大小后,在新打开的图像窗口中单击或按住鼠标左键拖动,即可得到图 3-19 所示的绘图效果。

图 3-18

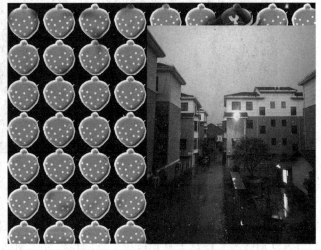

图 3-19

任务六 模糊工具组

模糊工具组包括模糊工具、锐化工具和涂抹工具,如图 3-20 所示。

图 3-20

1. 模糊工具

模糊工具主要通过将突出的色彩、僵硬的边界进行模糊处理,使图像的色彩过渡平滑,而达到图像柔化模糊的效果,模糊工具的选项栏如图 3-21 所示。

图 3-21

● 强度:用于控制模糊工具在操作时笔画的压力。百分数越大,则一次操作后图像被模糊的程度越大,被操作区域的模糊效果越明显,图 3-22(原图)、图 3-23(效果图)为使用模糊工具前后的比较。

图 3-22   图 3-23

2. 锐化工具

锐化工具的效果正好和模糊工具相反,即通过增大图像相邻像素间的色彩反差而使图像的边界更加清晰。模糊工具和锐化工具的操作方法相同,图 3-24(原图)、图 3-25(效果图)为使用该工具锐化图像前后的效果对比。

图 3-24   图 3-25

3. 涂抹工具

涂抹工具是用来模拟手指在未干的画布上涂抹而产生的效果,使用该工具可以实现对图像的局部变形处理,制造出跟随涂抹路径的颜色融合效果,图 3-26(原图)、图 3-27(效果图)为使用涂抹工具前后的效果对比。

图 3-26   图 3-27

任务六　亮化工具组

亮化工具组是非常实用的编辑工具,它是通过对图像文件某些色彩属性进行调整,以此来达到需要的效果。亮化工具组包括减淡工具、加深工具和海绵工具,如图 3-28 所示。

图 3-28

1. 减淡工具

减淡工具的主要作用是改变图像的曝光度,对图像中局部曝光不足的区域进行加亮处理,减淡工具的选项栏如图 3-29 所示。

图 3-29

● 范围:在该选项下拉列表中选择作用于操作区域的色调范围。选择"阴影"选项后,操作将作用于图像的阴影区;选择"中间调"后,操作将作用于图像的中色调区域;选择"高光"后,操作将作用于图像的高光区。

● 曝光度:用于设置减淡工具操作时亮化程度。百分数越大,一次操作亮化的效果越明显。

图 3-30(原图)、图 3-31(效果图)为使用减淡工具前后的效果对比。

图 3-30

图 3-31

2. 加深工具

加深工具的主要作用也是改变图像的曝光度,对图像中局部曝光过度的区域进行加深,效果与减淡工具刚好相反,其使用方法与减淡工具相同。

图 3-32(原图)、图 3-33(效果图)为使用加深工具前后的效果对比。

图 3-32

图 3-33

3. 海绵工具

海绵工具可以对图像局部的色彩饱和度进行加深和降低处理,海绵工具的选项工具栏如图 3-34 所示。

图 3-34

在"模式"下拉列表中提供了两个选项。选择"去色"选项后,使用海绵工具进行操作时,可以降低操作区域的色彩饱和度;选择"加色"选项后,则可以增加操作区域的色彩饱和度。使用海绵工具后的操作效果对比如图 3-35 所示。

原图
(a)

加色
(b)

去色
(c)

图 3-35

任务七　颜色调整命令

一、色阶

"色阶"命令用于调整图像阴影、中间调和高光强度,"色阶"对话框如图 3-36 所示。

图 3-36

二、自动色阶

"自动色阶"命令通过剪切每个通道中的阴影和高光部分,将每个颜色通道中最亮和最暗的像素映射到纯白和纯黑的程度,从而使中间像素值按比例重新分布。

三、自动对比度

"自动对比度"命令是通过剪切图像中的阴影和高光值,将图像剩余部分的最亮和最暗像素映射到纯白和纯黑的程度,从而使图像中的高光更亮、阴影更暗。因此,"自动对比度"命令可自动调整图像色彩的对比度。

四、自动颜色

"自动颜色"命令是通过搜索图像来标识阴影、中间调和高光区域,从而自动调整图像的对比度和颜色。

五、曲线

在调整色调时,"曲线"命令是常用的色调调整命令。使用该命令可对图像的明暗程度、对比度、色彩等进行自定义调整。

六、色彩平衡

"色彩平衡"命令可以改变图像中多种颜色的混合效果,从而调节色彩失真问题,使图像的整体色彩达到平衡,可以通过执行"图像→调整→色彩平衡"命令进行调整。

七、亮度/对比度

"亮度/对比度"命令只能对图像的明暗度和对比度进行调整,因此,该命令适用于亮度不够且缺乏对比度图像的色调调整。

八、色相/饱和度

"色相/饱和度"命令用于调整整个图像以及几种原色的色相、饱和度和亮度等参数。执行"图像→调整→色相/饱和度"命令,弹出"色相/饱和度"对话框,如图 3-37 所示。

图 3-37

九、去色

"去色"命令可以去掉图像中所有的色彩信息,使图像以灰度效果显示,但不会将图像转换灰度模式。

十、匹配颜色

"匹配颜色"命令可以在两个图像之间进行颜色的匹配,匹配后的两个图像色调会更加统一协调,"匹配颜色"对话框如图 3-38 所示。

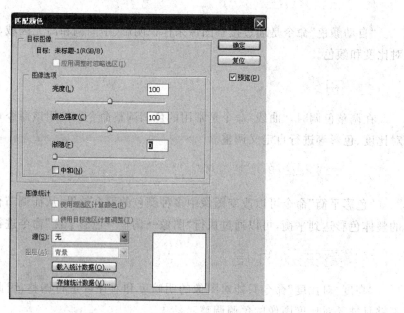

图 3-38

范例——"调偏色图"使用匹配颜色

步骤

（1）打开文件，可以发现图偏黄，首先就要调偏色，如图 3-39 所示。

调偏色的方法很多，这里介绍一种最简单、最快捷的方法：先复制一层，如图 3-40 所示。执行"图像→调整→匹配颜色"命令，选中"中和"复选框，增加亮度，减小颜色强度，如图 3-41 所示。

图 3-39

图 3-40

（2）若图还是太暗，则要继续增加亮度，此时如果用曲线来增加亮度会发现颜色损失太多，本来图的质量就不太好，这样处理则质量更差，所以用图层的混合模式来增加亮度。

复制一层，把混合模式设为"滤色"，观察一下效果，如图 3-42 所示。若仍然太暗，再复制三层观察一下，效果明显改善。然后合并这些图层，如图 3-43、图 3-44 所示。

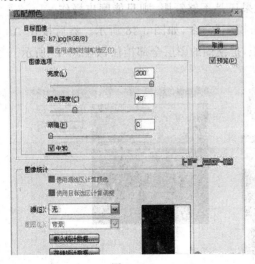

图 3-41

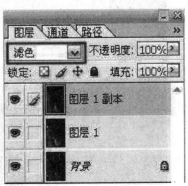

图 3-42

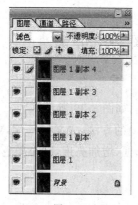

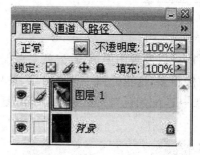

图 3-43 图 3-44

(3)图层合并后效果变亮,但颜色显得太深,看上去不舒服,可再复制一层,如图 3-45 所示;按 Ctrl+U 键,执行"色相/饱和度"命令,如图 3-46 所示;降低饱和度,操作后的效果如图 3-47 所示。

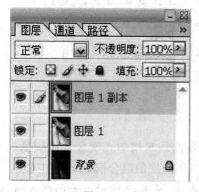

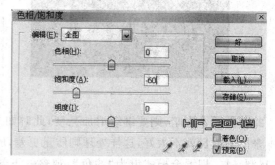

图 3-45 图 3-46

(4)操作后色彩合适,但噪点太大,效果还是不够舒服,则只能磨皮操作。

再复制一层,执行"滤镜→模糊→高斯模糊"命令,如图 3-48 所示。然后按住 Alt 键单击"添加蒙版"按钮,给图层添加一个黑色蒙版,把模糊的图层全部挡住,如图 3-49 所示。

图 3-47 图 3-48

（5）然后选择柔一点的白色画笔，在蒙版上对有噪点的地方涂抹，使其显示出高斯模糊，这样看上去就比较光滑，这就是简单的磨皮，如图 3-50 所示。

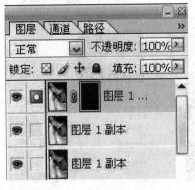

图 3-49

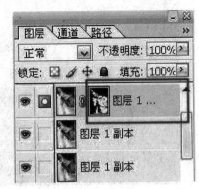

图 3-50

（6）为了使色调更鲜明，还可对其进行调色处理。

新建一层，按 Ctrl＋Shift＋Alt＋E 组合键，执行盖印可见层，如图 3-51 所示。再按 Ctrl＋M 键，进行"曲线"调整，如图 3-52 所示。

（7）用加深和减淡工具作局部的处理，如给头发加深一些、嘴唇减淡一些，等等。

（8）最后调一下整体色调即可完成操作。

执行"图像→调整→色彩平衡"命令，给图片加上一种泛蓝的冷色，如图 3-53 所示。

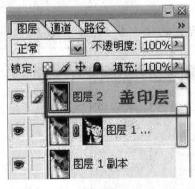

图 3-51

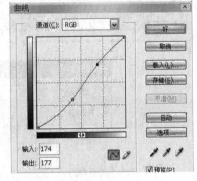

图 3-52

十一、替换颜色

"使用替换颜色"命令可以将图像中的部分颜色替换为指定的颜色。执行"图像→调整→替换颜色"命令，出现"替换颜色"对话框，如图 3-54 所示。

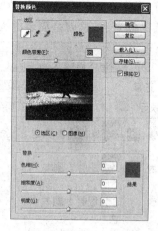

图 3-53   图 3-54

十二、可选颜色

"可选颜色"命令用于对图像中某一种颜色进行修改,"可选颜色"对话框如图 3-55 所示。

● 颜色:用于选择需要调整的颜色。
● 在"青色""洋红""黄色"或"黑色"选项中,通过拖动滑块或输入数值,可调整所选颜色的含量。
● "相对"与"绝对"复选框用于选择调整颜色时的两种计算方式。

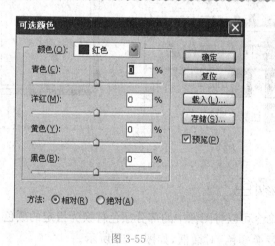

图 3-55

十三、通道混合器

"通道混合器"命令是通过混合各颜色通道中的像素,从而对图像色彩进行调节的。执行"图像→调整→通道→通道混合器"命令来进行调整。

十四、渐变映射

"渐变映射"命令是通过设置渐变样式对图像进行色彩调节的。执行"图像→调整→渐变映射"命令,出现"渐变映射"对话框,如图 3-56 所示。

十五、照片滤镜

"照片滤镜"命令可使图像产生类似于照相机镜头透过带颜色的滤镜而产生的效果,图 3-57 至图 3-59 分别是"照片滤镜"对话框和使用"照片滤镜"命令产生的效果。

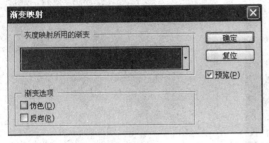

图 3-56

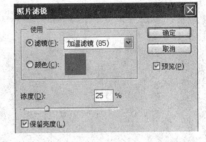

图 3-57

图 3-58

图 3-59

十六、阴影/高光

使用"阴影/高光"命令可以分别调整图像中的阴影或高光部分。执行"图像→调整→阴影/高光"命令,出现图 3-60 所示的对话框。

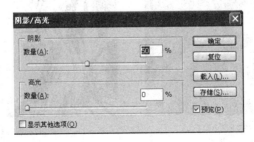

图 3-60

十七、反相

"反相"命令通过反转图像中的色彩信息,使色彩互补,因此可使图像产生胶片的效果,如图 3-61、图 3-62 所示。

图 3-61

图 3-62

十八、色调均化

"色调均化"命令是自动将图像中最暗的像素填充为黑色,最亮的像素填充为白色,然后重新平均图像像素的亮度值,使图像色调表现更为均匀。

十九、阈值

"阈值"命令能够将彩色图像或灰度图像转变为高反差的黑白图像,如图 3-63、图 3-64 所示。

图 3-63

图 3-64

项目四 图像的绘制

▶ 情 景 导 入

前面所学内容都是涉及直接对图片进行合成或者调色处理,我们是否可以通过PS来自行绘制图片呢?比如一幅美丽的卡通风景画,比如一张手绘像……可以想象一下,当你滑动鼠标用PS提供的绘图工具进行绘制时,就相当于你拿着铅笔、蜡笔或者毛笔在白纸上绘图一样,感觉是不是很好呢?今天,我们就开始系统学习PS的图像绘制,让我们对PS的了解再深入一步吧。

▶ 内 容 结 构

图像的绘制
- 画笔工具组
- 吸管工具
- 油漆桶工具
- 渐变工具
- 切片工具组
- 注释工具组

▶ 学 习 目 标

★技能目标
(1)掌握利用画笔、铅笔、渐变工具和加深/减淡工具绘制图像的方法。
(2)掌握如何进行画笔预设。
(3)了解图像修饰的工作方向,掌握图像修饰的细节。
(4)掌握图像修饰的各种工具。
★能力目标
培养读者发散性思维的能力。

图像的绘制工具

一、画笔工具组

画笔工具组由画笔工具、铅笔工具和颜色替换工具组成,如图 4-1 所示,下面分别介绍这几种工具的使用方法。

图 4-1

1. 画笔工具和铅笔工具

画笔工具可以创建柔软的线条,可用于绘制如同水彩笔或毛笔效果的线条笔触;铅笔工具可以绘制硬边的直线或曲线,其效果类似铅笔。二者的差异在于:画笔工具常常用于绘制较宽的笔触,并且通过选项的设置,可以当作喷枪来使用;而铅笔常常用于绘制较细的硬边直线。

用户可以按下 B 键从工具栏选择"画笔工具",如果选中了铅笔,那么可按 Shift+B 键切换到画笔。然后按下 D 键,它的作用是将颜色设置为默认的前景黑色、背景白色,也可以单击工具栏颜色区的默认按钮（箭头处）。单击右上角箭头处将交换前景色和背景色,如果现在单击则前景色变为白色而背景色变为黑色,其快捷键是 X 键。

在工具箱中选取"画笔工具",通过工具选项栏可以设置画笔的各种属性,如图 4-2 所示。

图 4-2

● 画笔:单击其下拉按钮,在弹出的下拉列表中,可以选取画笔笔触样式的同时,对画笔大小硬度进行设置。

现在设置笔刷直径为 30,硬度为 100%,用黑色在图像左侧单击一下,则出现一个圆。然后把笔刷硬度设为 50%,在靠右侧再单击一次,然后设为 0%,单击第三次。最后将会出现不同的三个圆,如图 4-3 所示。

图 4-3

● 模式:设置画笔颜色与下方图层颜色的混合模式。

● 不透明度:设置画笔工具颜色的不透明度。

● 流量:流量是指颜色的喷出浓度,这里的设置与不透明度有些类似。不同之处在于:不透明度是指整体颜色的浓度,而喷出量是指画笔颜色的浓度。

● 喷枪效果:在选项栏中单击喷枪按钮后,此时的画笔工具类似一个喷枪,在一个位置停留的时间越长,所喷洒出的颜色就越多,其颜色就越浓。

现在选择一个 30 像素的画笔,硬度为 0%,不透明度和流量都为 100%。喷枪方式开启后,在图像左侧单击一下,然后在图像右侧按住鼠标不放约 2 秒,会形成类似图 3-16 所示的图像。

● 切换画笔调板:可以快速调出画笔控制面板,进行动态画笔的具体设置,如图 4-5 所示。

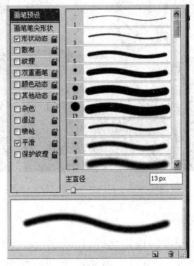

图 4-4   图 4-5

2. 颜色替换工具

颜色替换工具是 Photoshop CS2 中新增的功能,使用该工具可以任意更改图像区域中的颜色,同时保留原始图像的纹理和阴影。

使用颜色替换工具的具体步骤如下:

(1)在工具箱中选择颜色替换工具,出现颜色替换工具面板,如图 4-6 所示。

图 4-6

● 画笔：用来设置画笔的大小、硬度和间距等参数。

● 模式：可在该选项的下拉列表中选择色相、饱和度、颜色或亮度，从而在所选的模式下进行颜色的替换。

● 容差：用来设置所替换颜色的不透明度。

● 清除锯齿：选中该复选框后，使用颜色替换工具在图像中涂抹时，将自动清除笔触中的锯齿现象。

(2)单击工具箱中的"设置前景色"按钮，在弹出的拾色器对话框中选取适合的颜色，如图 4-7 所示。

(3)在图像窗口中需要替换颜色的区域涂抹处的图像颜色替换为前景色，如图 4-8 所示。

图 4-7

图 4-8

3. 画笔调板

除了直径和硬度的设定之外，Photoshop 针对笔刷还提供了非常详细的设定，这使得笔刷变得丰富多彩，而不再只是前面所看到的简单效果。快捷键 F5 即可调出画笔调板，注意这个画笔调板与画笔工具并没有依存关系，这是笔刷的详细设定调板（其实命名为"笔刷调板"更合适）。

(1)画笔笔尖形状：单击画笔调板左侧的"画笔笔尖形状"，各选项（如形状动态）如果有打钩的，先全部去掉，然后在笔刷预设列表中选择 9 像素的笔刷，如图 4-9 所示。从中可以看到熟悉的直径和硬度，它们的作用和前面我们接触过的一样，是对大小和边缘羽化程度的控制。

① 最下方的一条波浪线是笔刷效果的预览，相当于在图像中画一笔的效果。每当更改了设置以后，这个预览图也会改变。

② 如图 4-9 所示，硬度下方的间距选项的数值是 25%，其意如下：

实际上前面所使用的笔刷，可以看作由许多圆点排列而成的。如果把间距设为 100%，就可以看到头尾相接依次排列的各个圆点，如图 4-10(a)所示。如果设为 200%，就会看到圆点之间有明显的间隙，其间隙正好足够再放一个圆点，如图 4-10(b)所示。由此可以看出，这个间距实际就是每两个圆点之间的圆心距离,间距越大,圆点之间的距离也越大。

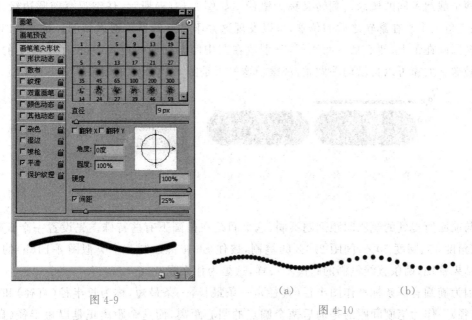

图 4-9

（a）　　　　（b）

图 4-10

③ 之所以在前面画直线的时候没有感觉出是由圆点组成的,是因为间距的取值是百分比,而百分比的参照物就是笔刷的直径。当直径本身很小的时候,这个百分比计算出来的圆点间距也小,因此不明显;当直径很大的时候,这个百分比计算出来的间距也大,圆点的效果就明显了。

我们可以做一个对比试验,保持 25％的间距,分别将直径设为 9 像素和 90 像素,然后在图像中各画一条直线,再比较一下它们的边缘,如图 4-11(a)所示。从图中可以看到,第一条直线边缘平滑,而第二条直线边缘明显出现了弧线,这些弧线就是由许多圆点外缘组成的,如图 4-11(b)所示。

正因为如此,使用较大的笔刷的时候要适当降低间距,间距的距离最小为 1％,而笔刷的直径最大可以为 2 500 像素。那么当笔刷直径为 2 500 像素时,圆点的间距最小也达到 25 像素,看起来是很明显的。如果遇到这种情况,可以直接画一个大的长方形来代替即可。

需要注意的是,如果关闭间距选项,那么圆点分布的距离就以鼠标拖动的快慢为准,慢的地方圆点较密集,快的地方则较稀疏。

④ 之前使用的笔刷都是一个正圆形,现在多了一个圆度的控制,可以把笔刷形状设为椭圆,如图 4-12 所示。圆度也是一个百分比,代表椭圆长短直径的比例。100％时是正圆,0％时椭圆外形最扁平。角度就是椭圆的倾斜角,当圆度为 100％时角度则没有意义,因为正圆无论怎么倾斜形状都为正圆。

由上图可知,除了可以输入数值改变以外,也可以在示意图中拉动两个控制点(红色箭头处)来改变圆度,在示意图中任意单击并拖动即可改变角度。

使用"翻转 X"与"翻转 Y"后,虽然设定中角度和圆度未变,但在实际绘制中会改变笔刷的形状。如图 4-13 左图所示,横方向是"翻转 X"的效果,竖方向是"翻转 Y"的效果。

看起来似乎两种翻转效果是一样的，都是旋转了一定的角度，其实并非如此。翻转和旋转是两个截然不同的概念。翻转又称为镜像。如图 4-13(a) 所示，仔细观察椭圆边缘红色、绿色、蓝色三个点在翻转之后的位置，可以发现这并不是旋转所能够做到的。把图4-13左上角的椭圆画在纸上，然后拿一面镜子，分别放在图中两条细线的位置，从镜子中看到的情景就是镜像。大家可以自己动手做做，观察镜像是否是图 4-13 所示的效果。

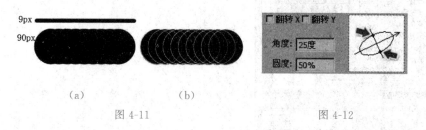

| 9px | |
| 90px | |

(a)　　　　　　(b)

图 4-11　　　　　　　　　　　　　　　图 4-12

与前面所提到的笔刷间距问题不同，这个间距在椭圆下有些特殊。先设置一个直径 20 像素、角度 15、圆度 50%、间距 200% 的笔刷，按住 Shift 键绘制一个类似图 4-13(b) 的效果图。结果发现，两条直线笔刷的距离不一样，这是为什么呢？

因为椭圆有两条标准作图半径(直径)，一条最长，一条最短，称为长半径(直径)和短半径(直径)。作为笔刷间距的是前后两个圆点的圆心距离，而这个距离正是以短半径(直径)作为标准的。注意：此处设置的间距为 200%，如果椭圆的长直径为 10 像素，短直径为 5 像素，笔刷圆点的圆心距离就是 $5 \times 200\% = 10$ 像素。此时如果沿着椭圆的长直径方向绘制，将会看到原点头尾相接，因为圆点之间 10 像素的圆心距离和本身 10 像素的长直径相等。而只有沿着短直径方向绘制，才会真正看到 200% 的间距效果。如图 4-14(b) 所示，预览图中的两条直线就是椭圆的长直径和短直径，而图 4-14(a) 是大体沿着这两条直线的方向绘制的。

如果把圆度设置得大一些，比如 60%，这时用 200% 的间距则不可能画出相接或重叠的圆点了，如图 4-14(c) 所示。

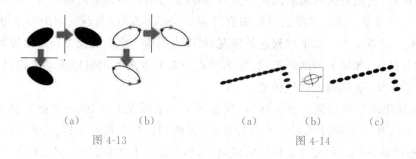

(a)　　　　　　(b)　　　　　　　　(a)　　　　(b)　　　(c)

图 4-13　　　　　　　　　　　　图 4-14

如果要在长半径方向上头尾相接，那么圆度乘以间距必须等于 1。大于 1 就相离，小于 1 笔刷圆点就会有重叠部分。

因此当笔刷为椭圆的时候，绘制的实际间距可能会小于所设定的间距大小。当笔刷为正圆时，由于长短直径相等，则不会有这种情况出现。而要保证笔刷间距在任何方向上都相等，必须为正圆笔刷。

除了正圆与椭圆之外,在后面还会学习用任意形状作为笔刷。笔刷效果选项如图 4-15 所示。

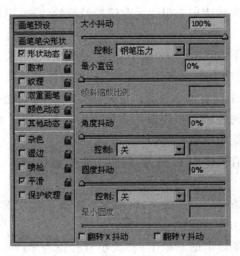

图 4-15

(2)形状动态:先在笔尖形状设定中把间距设为 150%。然后单击"形状动态"选项,将"大小抖动"设为 100%,"控制"选择"关"(没有绘图板设备的情况下选择"钢笔压力"也可),最小直径、角度和圆度都选择 0%,会看到如图 4-16 所示的效果。所谓抖动就是随机,所谓随机就是无规律的意思。比如说一个随机个位数,这个数字可能是 1、可能是 8、可能是 3,是完全没有规律的。就如同手中的沙子洒落到地上,沙粒的落点就属于随机,随机数是不可预测的。

① 大小抖动。大小抖动就是大小随机,表示笔刷的直径大小是无规律变化着的。因此我们看到圆点有的大有的小,且没有变化规律。如果多次使用这个笔刷绘图,那么每次绘制出来的效果也不会完全相同。

在这里把间距设为 150%,是为了更好地看清楚笔刷圆点大小变化的效果,如果把间距设为标准的 25%,那么就是图 4-17 所示的效果了,有点像被磨损的印章边缘。

图 4-16　　　　　　　　　　　　　　图 4-17

大小抖动(随机)的数值越大,抖动(随机)的效果就越明显。笔刷圆点间的大小反差就越大。此百分比是笔刷直径与 1 像素之间数值差的比例。

大小抖动的最小直径计算式为:笔刷直径－笔刷直径×抖动百分比。结果如果为 0 就加 1,如果为小数就四舍五入。

举例说明:

如果笔刷的直径是 10 像素,大小抖动是 100%,那么变化的范围就是 10～1 像素;如果大小抖动是 50%,变化的范围就是 10～5 像素。

如果笔刷的直径是 12 像素,大小抖动为 100%,变化的范围是 12～1 像素;50% 时是

12～6 像素;30％时是 12～8 像素。

上面的计算过程比较枯燥,大家可能在短时间内难以思考透彻。但这里只是演示一个推导过程和控制原理,在实际使用中很少需要这样精确的计算,用户只需根据自己的感觉酌情确定即可。

注意:在"大小抖动"下方还有一个"最小直径"的选项,它是用来控制在大小抖动中最小圆点的直径。如果大小抖动100％,最小直径30％,绘制效果等同于单纯大小抖动70％。如果二者都为100％就等同于没有大小抖动。可是,刚才已经通过公式介绍了计算最小直径的方法,也可以用大小抖动的数值来控制最小直径。为什么又要设置这个"画蛇添足"的选项呢? 关于这个问题,先来绘制三条直线。

第一条直线:把笔刷直径设为 10 像素、间距 150％、圆度 100％、大小抖动 0％,"控制"选择"关"。

第二条直线:在第一条设定的基础上,启用大小抖动下面的"控制"选项,选择"渐隐",后面的数字填 20,最小直径 0％,如图 4-18(a)所示。

第三条直线:在第二条设定的基础上,将最小直径设为 20％,如图 4-18(b)所示。三条直线从上至下排列,绘制效果如图 4-18(c)所示。

要理解上述现象,就要理解渐隐的含义。渐隐的意思是"逐渐地消隐",指的是从大到小或从多到少的变化过程,是一种状态的过渡。就如同喝杯子中的饮料一样,喝的过程就相当于饮料的渐隐过程。

首先看第一条直线,其参数设定实际上使整个"形状动态"选项形如虚设,因为没有任何有效的控制设定。

而第二条直线打开了渐隐控制,意味着从 10 像素的大小开始"逐渐地消隐",消隐到 0 像素为止。所以我们看到笔刷圆点逐渐缩小直至完全消失。那么渐隐的长度控制,则在于后面填的数值20,此处 20 代表步长,意味着经过 20 个笔刷圆点,大家可以仔细数一下。

第三条直线打开了最小直径的控制,10 像素的 20％就是 2 像素,此时渐隐选项不能完全消隐笔刷了,消隐的最小值是 2 像素。步长仍然为 20 步,那么从 10 像素过渡到 2 像素的过程是 20 个笔刷圆点,20 个笔刷圆点之后保持 2 像素的大小,这 2 像素永不消隐。

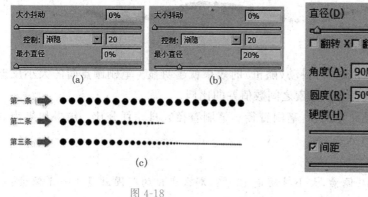

图 4-18

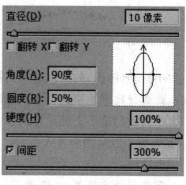

图 4-19

② 角度和圆度抖动。至于"形状动态"中其他的两个控制选项"角度抖动"和"圆度抖

动",顾名思义就是对扁椭圆形笔刷角度和圆度的控制。定义过程和相应关系与前面所说的大小抖动是一样的,这里不再介绍详细的定义过程,可以自己动手去试验效果。为了让效果更明显,最好先更改一下前面所用的笔刷参数:角度90,圆度50%,间距300%,如图4-19所示。

所谓角度抖动就是让扁椭圆形笔刷在绘制过程中不规则地改变角度,这样看起来笔刷会出现"歪歪扭扭"的样子,如图4-20所示。

图 4-20

圆度抖动就是不规则地改变笔刷的圆度,这样看起来笔刷就会有"胖瘦"之分。可以通过"最小圆度"选项来控制变化的范围,道理和大小抖动中的最小直径一样。圆度抖动效果如图4-21所示。

图 4-21

注意:在笔刷本身的圆度设定是100%的时候,单独使用角度抖动没有效果。因为圆度100%就是正圆,正圆在任何角度看起来都一样。如果同时圆度抖动也开启,由于圆度抖动让笔刷有了各种扁椭圆形,因此角度抖动也就有效果了。

"翻转X"与"翻转Y"的抖动选项与笔刷定义中的翻转意义相同。在正圆或椭圆笔刷下没有实际意义,在其他形状笔刷下才有效果。

前面使用的都是正圆或者椭圆的笔刷,效果变化不大,比较枯燥,下面介绍其他形状的笔刷。如图4-22所示,在画笔笔尖形状中选择一个枫叶形状(红色箭头处),这个笔刷的取样大小是74像素,如果手动更改了这个数值可以通过单击"使用取样大小"按钮来恢复。有关笔刷取样将在后面介绍。现在将直径改为45像素大小并将间距设为120%,这样设定是因为比较适合当前的400×300图像尺寸。大家完全可以自己设定其他数值,也可以另建其他尺寸的图像。

如果一直用黑色绘图觉得压抑,可换一种橙色(243,111,33)的前景色,在Photoshop中前景色就是绘图工具的颜色。注意:即使更改了前景色,在笔刷设定调板下方的预览图中仍然是黑色。

现在比较一下翻转的效果,如图4-23所示,第一行是没有翻转抖动的效果,第二行是加上了"翻转X"与"翻转Y"的效果。可以看出第二行的枫叶(图4-23左起第三片和第四片)呈现上下左右颠倒的样子,这就是翻转效果,也称为镜像。

下面设定更多的选项:大小抖动70%,角度抖动100%,圆度抖动50%。这样看起来就"大小不同,角度不同,正扁不同"了。然后再把间距设为100%。下面画一颗可爱的心形,如图4-24所示。

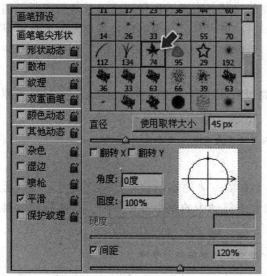

图 4-22   图 4-23

（3）颜色动态：如果色彩太单一，可以做些调整，让色彩丰富起来。可使用"颜色动态"选项来达到这个目的。如图 4-25 所示，将"前景/背景抖动"设为 100％。这个选项的作用是将颜色在前景色和背景色之间变换，默认的背景是白色，也可以自己挑选。

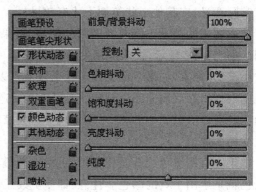

图 4-24   图 4-25

① 色相抖动。在绘制图 4-26 时更换了 5 种背景色：黄色、灰色、绿色、蓝色、紫色，加上前景色橙色，总共有 6 种颜色。但是仔细观察就会发现其实远不止 6 种颜色，这是为什么呢？

这是因为抖动的效果是在一段范围内的，而不只局限于两个极端。如同前面笔刷直径的大小抖动一样，并不是只有最大和最小两种直径，而是还有中间过渡的一系列直径大小。这里的抖动也是一样的道理，所挑选的前景色和背景色只是定义了抖动范围的两个端点，而中间一系列随之产生的过渡色彩都包含于抖动的范围中。如图 4-27 所示，头尾的两个色块就是前景色与背景色，中间是前景色与背景色之间的过渡带。

图 4-26

图 4-27

在前景/背景抖动中,也有控制选项,它的使用方法和前面介绍的类似。如果选择渐隐的话,就会在指定的步长中从前景色过渡到背景色,步长之后如果继续绘制,将保持为背景色。将"前景/背景抖动"关闭(设为 0%),来看一下色相抖动、饱和度抖动、亮度抖动。其实色相、饱和度、亮度就相当于 HSB 色彩模型,这里的抖动就是利用这种色彩模式来进行的。

现在把前面绘制的心形图像调入 Photoshop,然后使用菜单"图像调整色相/饱和度"命令或快捷键 Ctrl+U,这样就启动了一种色彩调整的功能,如图 4-28 所示。试着更改色相、饱和度和明度(即亮度),将会看到在更改色相时会把橙色变为红色、蓝色等;更改饱和度会使橙色偏灰或偏艳丽;更改明度(亮度)会导致偏黑或偏白。

下面依然使用前面的枫叶形状笔刷,将大小设在 30 像素,圆度 100%,间距 100%,关闭形状动态,关闭色彩抖动中的其他选项。选择一个纯红的前景色,将色相抖动分别设置在20%、50%、80%、100%,各绘制一条直线,效果如图 4-29 所示。

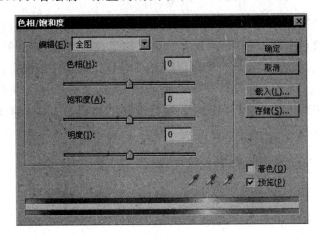

图 4-28

可以看到,色相抖动程度越高,色彩就越丰富。这是为什么呢?这个色相抖动的百分比又是以什么为标准的呢?

先来回答第二个问题,这个百分比是以色相范围为标准的。之前学习过有关色相的知识,可知色相是一个环形,为了方便观看,将色相环 180°的地方剪开,拉成一个中间是红色、

Photoshop 图形图像处理

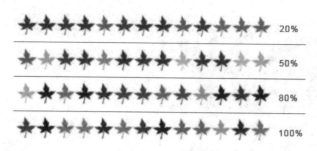

图 4-29

两头是青色的色相条，如图 4-30 所示。

图 4-30

　　此处挑选的颜色是红色，红色正好位于这个色相条的中心点。色相抖动的百分比，是指以这个红色为中心，同时向左右两边伸展的范围。因此，我们绘制的 4 条枫叶直线，所占用的色相范围如图 4-31 所示。从图中来看，百分比越大包含的色相越多，因此出现的色彩就越多。这样第一个问题就迎刃而解了。

图 4-31

　　并且，利用这张图也可以大致推测所出现的色相有哪些：20％只有红色和橙色；50％比上一条多了紫色、黄色和洋红色；80％比上一条又多了些绿色和蓝色，但是绝对没有青色；100％最明显的变化就是多了青色。大家可以对照图 4-31 所示仔细观察。
　　② 饱和度抖动。饱和度抖动会使颜色偏淡或偏浓，百分比越大变化范围越广。如图 4-32所示，在关闭其他的抖动后，分别使用 50％饱和度抖动和 100％饱和度抖动绘制的效果。

图 4-32

　　③ 亮度（明度）抖动。亮度（明度）抖动会使图像偏亮或偏暗，百分比越大变化范围越广。图 4-33 为关闭其他抖动后，分别使用 30％亮度抖动和 100％亮度抖动绘制的效果。
　　④纯度。在动态颜色中还有最后一个选项：纯度。这不是一个随机项，因为后面没有"抖动"两个字。这个选项的效果类似于饱和度，用来整体地增加或降低色彩饱和度。它的取值为±100％之间，当为－100％的时候，绘制出来的都是灰度色，为 100％的时候色彩则完

图 4-33

全饱和。当纯度的取值为这两个极端数值时,饱和度抖动将失去效果。

(4)散布:前面对笔刷做了形状和颜色的改变,所学习的内容中尽管有随机现象,但都是相对间距、颜色、大小而言的,绘制的轨迹还是可以看得清楚的。要想达到在分布上的随机效果,需要学习散布。先设定一个笔刷:5 像素,圆度 100%,间距 150%,然后关闭形状动态、动态颜色及其他所有选项后,进入"散布"选项,将"散布"设为 500%,如图4-34 所示。

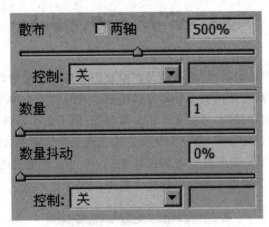

图 4-34

此时就可以得到如图 4-35 所示的效果,可以看到笔刷的圆点不再局限于鼠标的轨迹上,而是随机出现在轨迹周围一定的范围内,这就是所谓的散布。

图 4-35

注意:有一个"两轴"的选项,如图 4-34 所示,下面简单介绍其用途。

为了让效果更明显,把笔刷直径改为 15 像素,间距 100%,散布 100%,然后在关闭和打开这个选项下分别画一条直线,如图 4-36(a)所示。可以看出效果与原来不太一样,然后加上网格再观察一下效果,如图 4-36(b)所示。

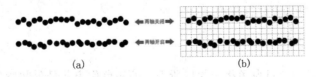

(a)　　　　　　　　　　　(b)

图 4-36

可以看到,如果关闭"两轴"选项,那么散布只局限于竖方向上的效果,看起来有高有低,

但彼此在横方向上的间距还是固定的,即笔刷设定中的100%。如果打开了"两轴"选项,散布就在横竖方向上都有效果了。所以第二条线上的圆点不仅有高有低,彼此之间的间距也不一样。

在"散布"选项下方,有一个"数量"选项,它的作用是成倍地增加笔刷圆点的数量,取值就是倍数。如果现在再用5像素、间距150%的笔刷,散布500%,选中"两轴"复选框。用数量1和4分别绘制两条直线,效果如图4-37所示。可以看出第二条线上的圆点数量明显多于第一条线。从理论上来说,相当于第一条直线绘制4次。

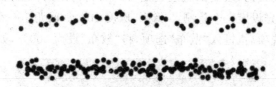

图 4-37

"数量"选项下方的"数量抖动"选项就是在绘制中随机地改变倍数的大小。参考值是数量本身的取值。如同前面介绍的大小抖动是以笔刷本身的直径为参考一样。在抖动中数值只会变小,不会变大。也就是说,只会比4倍少或相等,但不会比4倍大。

(5)杂色选项:笔刷设定中的"杂色"选项,它的作用是在笔刷的边缘产生杂边,也就是毛刺的效果,如图4-38所示。杂色是没有数值调整的,不过它与笔刷的硬度有关,硬度越小,杂边效果就越明显。对于硬度大的笔刷没什么效果。

图 4-38

"湿边"选项是将笔刷的边缘颜色加深,看起来就如同水彩笔效果一样,如图4-39所示。

图 4-39

(6)喷枪:喷枪的作用和前面介绍的喷枪方式是完全一样的。之所以设置两个,是因为这里的喷枪方式可以随着笔刷一起保存。这样下次再使用这个储存的预设时,喷枪方式就会自动打开。

(5)平滑:"平滑"选项主要是为了让鼠标在快速移动中也能够绘制较为平滑的线段。图4-40是关闭与开启"平滑"选项后的效果对比。不过开启这个选项会占用较大的处理器资源,在配制不高的计算机上运行较慢。

二、吸管工具

吸管工具可以在图像可调色板中拾取所需要的颜色作为前景色和背景色。单击工具箱中的吸管工具,将光标移到图像窗口中,单击需要的颜色就可以直接选出新的前景色。

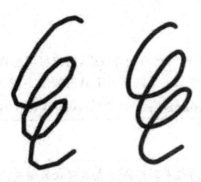

图 4-40

按住 Alt 键单击图像窗口中需要的颜色,可以选出新的背景色。

三、油漆桶工具

油漆桶工具可以使用前景色或图案来填充图像中位于容差范围内的区域,油漆桶工具的选项工具栏如图 4-41 所示。

图 4-41

● 在下拉列表中可以选择填充的方式。选择"前景"项,将以前景色填充图像区域,选择"图案"项,在其后的图案下拉列表框中可以选择用于填充的图案样式。

● 容差:用于设置油漆桶工具填充图像时的颜色容差值。数值越大,填充的范围越广。

● 消除锯齿:选中此复选框,可以消除填充时产生的锯齿现象。

● 所有图层:选中此复选框,将填充的操作用于所有的图层;反之只作用于当前图层。

小 贴 士

按下 Alt＋Delete 组合键,可为选区或当前图层填充前景色;按下 Ctrl＋Delete 组合键,可以填充为背景色;在背景层按下 Delete 键,可以删除选区中的图像并填充为背景色。

四、渐变工具

渐变工具可以用来建立多种色彩渐变的效果,用户可以选择预设的渐变颜色,也可以利用自定义颜色来做渐变填充,渐变工具的选项工具栏如图 4-42 所示。

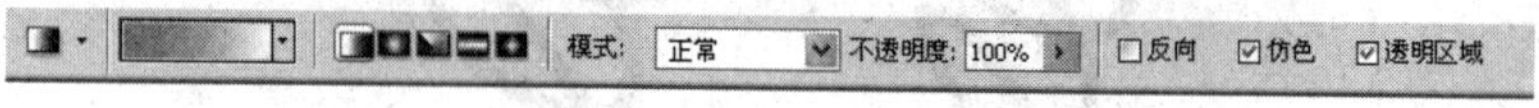

图 4-42

● 线性渐变:从渐变的起点到终点做直线形状的渐变。
● 径向渐变:从渐变的中心开始做放射状圆形的渐变。
● 角度渐变:从渐变的中心开始到终点产生圆锥形渐变。
● 对称渐变:从渐变的中心开始做对称式直线形状渐变。
● 菱形渐变:从渐变的中心开始做菱形的渐变。

各种渐变工具的效果如图 4-43 所示。

图 4-43

● 反向:选中此复选框所得到的渐充效果方向与所设置的方向相反。
● 仿色:选中此复选框后,使用递色法增加中间色调,使渐变过渡效果更平滑。
● 透明区域:用于打开或关闭渐变效果的透明度设置。

五、切片工具组

切片工具组包括切片工具和切片选择工具。切片工具用于将整幅图像切割成许多小片,当需要将图像应用在 Web 中时,可以分解为数个小图形,便于在网页中快速显示。

六、注释工具组

使用注释工具可以在图像中加入文字注释或语音注释,留下记录或说明,便于以后的文件管理。加入图像的文字或语言注释,会以一个不被打印出来的标记显示在图像上。

小河泛舟效果制作

小河泛舟效果图如图 4-44 所示。

图 4-44

步骤：

(1)新建 800×600 像素，RGB 模式白色背景的图像文件。

(2)设置前景色为 RGB(0,110,210)的蓝色，执行"编辑→填充"命令，使用前景色填充整个图形区域。

(3)在图层面板中新建图层 1。

(4)利用套索工具创建选区，设置前景色为 RGB(0,150,50)的绿色填充选区。

(5)执行"滤镜→杂色→添加杂色"命令，设置杂色数量为 9%。

(6)执行"滤镜→模糊→高斯模糊"命令，设置模糊半径为 1.0 像素。

(7)在图层面板中右击图层 1，在弹出的快捷菜单中选取"混合"选项，选择投影样式。效果如图 4-45 所示。

(8)新建文件大小为 300×300 像素，RGB 模式，透明背景的图像文件。

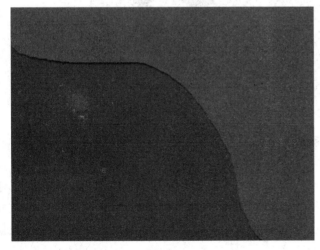

图 4-45

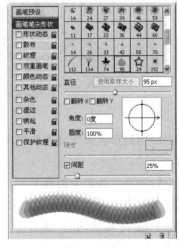

图 4-46

(9)选择画笔工具，在工具属性栏中设置笔尖形状大小为叶型，大小为 95 像素，不透明度

为 100%,流量为 100%。单击工具属性栏右侧的切换画笔调板按钮,打开画笔调板,单击"画笔尖形状"项,在右侧面板中可设置画笔直径为 95 像素,间距为 25%,如图 4-46 所示。

(10)设置前景色为黑色,用连续多次单击,在图层 1 中绘制出树叶形状。

通过连续多次单击可以使图像颜色不断加深。

(11)选择工具箱中的魔棒工具,选取整片树叶,执行"编辑→填充"命令,用黑色填充。

(12)选择工具箱中的矩形选框工具,按住 Alt 键的同时选取左边半片树叶,此时只有右边的半片树叶将被选中。用 50%灰色填充。

对于多个选区,按住 Shift 键时是选区相加,按住 Alt 键时是选区相减,按住 Shif+Alt 组合键时是选区相交。

(13)设置前景色为黑色,在图层面板中按住 Ctrl 键单击图层 1 以选取整片树叶,执行"编辑→描边"命令,用 1 像素的黑色进行描边,效果如图 4-47 所示。

(14)在图层面板中复制图层 1 并进行旋转变换,重复四次得到如图 4-48 所示形状。

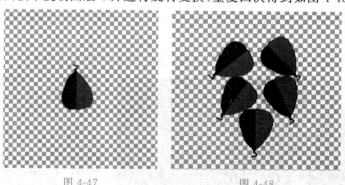

图 4-47 图 4-48

(15)用矩形选框工具选取树叶所在的矩形范围,执行"编辑→定义画笔"命令,如图 4-49 所示。

(16)选择工具箱中的画笔工具,在工具属性栏中设置笔尖形状为自定义的树叶笔刷,不透明度 100%,流量 100%。单击工具属性栏右侧的切换画笔调板按钮,打开画笔调板,在左侧列表中选中"形状动态"复选框,然后在右侧面板中可以设置画笔的大小抖动为 40%,角度抖动为 100%,如图 4-50 所示。

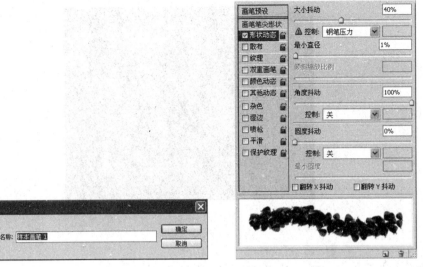

图 4-49   图 4-50

(17)在图层面板中,新建一个图层 2,设置前景色为 RGB(20,120,30)。利用画笔工具在绿草地上方不断单击,创建底层树叶。

(18)再次创建新图层 3,设置前景色为 RGB(80,200,40),绘制树叶,如图 4-51 所示。

(19)设置前景色为 RGB(20,150,100)。选择工具箱中的画笔,在工具属性栏中设置笔尖形状为草形笔刷,不透明度为 100%,流量 100%。单击工具栏右侧的切换画笔调板按钮,选中"形状动态"和"散布"复选框。单击"画笔笔尖形状"项打开面板,设置画笔直径为 150 像素。动态形状项设置大小抖动为 20%,角度抖动 3%。

(20)设置前景色为 RGB(150,60,170)。选择工具箱中的画笔工具,打开画笔,设置笔尖形状为 24 像素,散点形笔刷,在左侧列表中选中"形状动态"和"散布"复选框,效果如图 4-52 所示。

图 4-51

图 4-52

(21)打开文件,利用魔棒工具载入图中,并执行自由变化。最后效果如图 4-53 所示。

图 4-53

 小试身手 ▪ 片片枫叶情效果制作

设计效果如图 4-54 所示。

图 4-54

设计思路:利用所学的画笔工具和系统自带的枫叶形笔刷完成枫叶背景,并将素材图合成到该背景上,利用仿制图章工具使得高抬的右腿放直。

操作提示:

(1)新建 800×600 像素,RGB 模式,白色背景的图像文件。

(2)设置前景色为 RGB(255,180,30),填充前景色在背景层中。

(3)选取工具箱内画笔工具,在其工具属性栏中设置画笔笔尖形状为叶形,间距为 25%,选中"形状动态",设置大小抖动为 50%,角度抖动 100%。选中"散布",散布值为 400%,数量为 2。选中"颜色动态",饱和度抖动为 50%,亮度抖动为 25%,如图 4-55 所示。

(4)在图层面板中创建新图层 1,设置前景色为 RGB(225,100,15),利用已经定义好的画笔在图像中进行涂抹,完成背景制作,如图 4-56 所示。

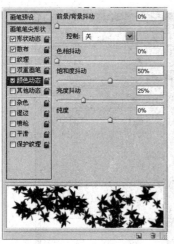

图 4-55   图 4-56

（5）打开文件，利用魔棒工具选取女孩，将其复制到背景中，如图 4-57 所示。

图 4-57   图 4-58

（6）利用仿制图章工具设置笔刷为 21 像素。利用左腿进行取样，复制到右腿上，如图 4-58所示。

上 机 作 业

笔刷设置

（1）新建图层，画圆。

（2）把圆圈定义为画笔。

（3）新建 A4 版面，选取画笔工具，选中所定义的画笔。

（4）按 F5 键出现画笔设置选项，如图 4-59 所示进行设置。

（5）画笔设置选项中，如图 4-60 所示进行设置。

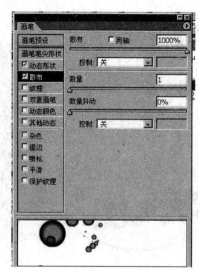

图 4-59   图 4-60

（6）随意地画一些大小不一的圆圈，如图 4-61 所示。

同理，可以画出如图 4-62 和图 4-63 所示效果。

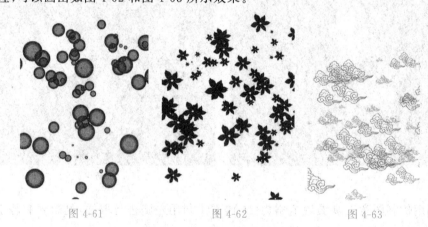

图 4-61   图 4-62   图 4-63

项目五　路径与形状

▶ 情 景 导 入

　　当我们在用选区工具创建选区时,一般得到的都是规则形状的选区。但是,我们在进行作品设计时,经常需要创建不规则形状的选区,这时怎么办? 我们已经学习了一些抠图方法,但是如果你遇到复杂图形时,这些方法不一定能实现目的,这时怎么办? 还有在一些手绘图像领域、变形艺术字制作领域以及绘制各种标志时,我们亟须一种工具来帮我们解决难题。今天,我们就去认识这个工具吧,它就是路径。通过对它的熟练使用,我们就能解决上述难题。有目标就有动力,让我们现在就出发吧……

▶ 内 容 结 构

路径与形状 { 路径概述
　　　　　 路径工具
　　　　　 操作路径

▶ 学 习 目 标

　　★技能目标

(1)了解什么是路径。

(2)掌握建立路径的方法。

(3)掌握调整路径的方法。

(4)学会利用路径绘制图像。

(5)学会利用路径进行抠图。

　　★能力目标

(1)培养读者对细节处理的把握能力。

(2)培养读者了解色彩、感受色彩,把色彩和情感结合起来的能力。

任务一 路径概述

路径是 Photoshop 中的重要工具,可用于选取图形、绘制图形和去除背景等,用路径可以精确、弹性地处理图像。

一、路径的含义

路径是指形状的轮廓,由一个或多个直线或曲线线段组成。路径可以是封闭的,也可以是开放的。如图 5-1 所示就是一条开放的路径,在图中,*AB* 线段是一条"直"线,而 *BC* 和 *CD* 线段都是"曲"线。在路径中,一条"直"线或"曲"线的两个端点被称为锚点,如 *A*、*B*、*C*、*D* 等点,每条线段的长短、方向和曲度都由锚点来控制。

在路径上,线段越多,锚点也就越多,线段的形状就可以被调节得越复杂。

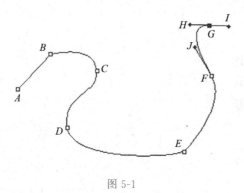

图 5-1

二、锚点的创建

根据锚点有无方向线和方向点以及方向线和方向点的不同,把锚点分为平滑点和角点两种。

1. 平滑点

如果锚点有两条方向线,并且两条方向线在一条直线上,当拖动其中的一条方向线时,另一条方向线也对称地改变自己的位置,这样的锚点为平滑点,如图 5-2 所示。一条平滑曲线是由平滑点来连接的。当调节平滑点的方向线时,将同时调节平滑点两侧的曲线段。

2. 角点

如果锚点没有方向线,或有一条方向线,或有两条方向线是相互独立的,调节其中的一

条方向线,另一条方向线不受影响,这样的锚点为角点。角点两侧的线段可以是直线也可以是曲线,一条锐化曲线是由角点来连接的,如图 5-3 所示。

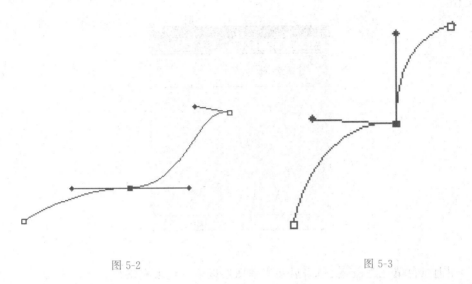

图 5-2　　　　　　　　　　　　　　图 5-3

从图 5-1 中可以看出,路径是由线段组成的,而线段又是由锚点和两点间的连线组成的。锚点在 Photoshop 中以小方点 来表示,锚点未被选中时是一个空心的方点(如 F 点),选择后为实心方点(如 G 点)。被选中的锚点会显示出一条或两条方向线,方向线从锚点开始,到方向点结束,方向点为更小的实心方点 (如 H、I 点),线段的长度、方向和曲度由锚点的方向线和方向点来控制。例如,FG 线段是一条曲线,这条曲线的长度、方向和曲度是由 G 点和 G 点的方向线和方向点来控制的,用"直接选择工具" 来拖动 H 点,就会改变 FG 线段。

三、锚点的调整

当调节角点上的方向线时,只调整与方向线同侧的曲线段。使用钢笔工具单击可以创建角点;使用转换点工具 在平滑点上单击可以将平滑点转换成没有方向线的角点;使用转换点工具拖动平滑点的方向点,即将平滑点转换为有两条方向线的角点;按住 Alt 键的同时用转换点工具单击平滑点,即将平滑点转换为有一条方向线的角点。

任务二　路径工具

一、"路径"调板

绘制出来的路径看起来好像是用很细的线条直接绘制在图像上,其实它是独立存在于路径层上的,并不在图层中,必须用"路径"调板来进行存储、填充和创建路径等操作。

选择"窗口→路径"命令可打开"路径"调板,如图 5-4 所示。在"路径"调板中常见的有

"路径"和"工作路径"两种,其中"路径"是已经被存储过的路径,而"工作路径"则是临时状态的路径。与其他调板相同,蓝色反白的路径为当前路径。在"路径"调板的下端,各命令按钮的意义有:

图 5-4

(1)用前景色填充路径⬤:单击后在当前图层以前景色填充路径。

(2)用画笔描边路径⬤:单击后在当前图层以前景色对路径进行描边操作,该命令与画笔的笔形和直径等参数有关。

(3)将路径作为选区载入✤:单击后将当前路径作为选区载入。

(4)从选区生成工作路径◢:当图像中存在选区时,单击后将选区转换为"工作路径"。

(5)创建新路径▣:单击后新建一个路径存储区域。将"工作路径"拖动到该按钮上可将"工作路径"存储为"路径",将某一路径拖动到该按钮上则将该路径复制。

(6)删除当前路径🗑:单击后将删除当前路径,也可将某一路径拖动到该按钮上将其删除。

二、钢笔工具组

钢笔工具组主要用来绘制和编辑路径,如图 5-5 所示,该组工具包括:钢笔工具、自由钢笔工具、添加锚点工具、删除锚点工具和转换点工具。

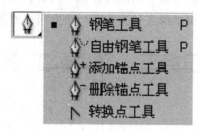

图 5-5

1. 钢笔工具

钢笔工具🖊是最基本的路径绘制工具,选择"钢笔工具"后,用鼠标在图像上单击,就可以建立没有方向线的角点来连接线段形成路径。如果按住左键拖动鼠标,则会建立平滑点,拖动的长度和角度会决定曲线的弯曲度;如果按住 Alt 键的同时拖动鼠标,则会建立只有一条方向线的角点。当绘制的路径为一个封闭区域(即起点与终点重合)时,钢笔工具 边上会带上一个小圆圈;如果要绘制一个开放的曲线,可以按 Esc 键结束绘制。

"钢笔工具"选项栏如图 5-6 所示,在选项栏上有"形状图层"和"路径"两个按钮 。

图 5-6

当单击"形状图层按钮" 时,绘制的结果是产生一个带有剪贴路径的形状图层。

当单击"路径"按钮 时,绘制的结果是产生一个工作路径(在"路径"调板中)。

(1)自动添加/删除:如果选中"钢笔工具"属性栏中的"自动添加/删除"复选框,那么,当把鼠标指针移动到线段上时,钢笔工具会自动转换为添加锚点工具 ,单击可以增加锚点;当鼠标指针移动到锚点上时,钢笔工具会自动转换为删除锚点工具 ,单击可以删除此锚点。

(2)橡皮带:如果选中此选项,那么绘制路径时,在上一锚点与鼠标指针间可以见到一条预览线。单击属性栏自定义形状工具 旁边的 按钮设置该选项,如图 5-7 所示。

图 5-7

(3)路径控制选项:共四个选项,用于控制多个路径之间的修改方式,分别为"添加到路径区域" "从路径区域中减去" "交叉路径区域" 和"重叠路径区域除外" 。

◯ 小 贴 士

　　如图 5-8 所示是选择创建"形状图层"时"钢笔工具"的选项栏,通过选项栏的参数设置,可以为即将创建的"形状图层"设置形状样式。在此状态下绘制的开放路径会自动封闭为闭合路径,同时图层上会自动地添加图层样式。

图 5-8

2. 自由钢笔工具

使用自由钢笔工具 绘制路径时,操作方法是单击并拖动鼠标,系统会根据鼠标的轨迹自动生成锚点和路径。如图 5-9 所示是"自由钢笔工具"选项栏,其中参数设置方法如下:

图 5-9

(1)磁性的:选中该复选框后,在图像上单击确定路径的起点后,用鼠标沿着图形的边缘移动,线段会自动地贴齐图形边缘,并且自动地产生锚点,结束时双击。选中该复选框后,绘制的路径一定是封闭的。

(2)自定义形状工具█▾:单击自定义形状工具旁的按钮,将打开"自由钢笔选项"设置框,如图 5-9 所示。其中,"曲线拟合"用于控制曲线弯曲时的像素量,数值越小,曲线弯曲度越平滑,所绘路径越精确,输入范围在 0.5~10 像素之间;"宽度"用于设置路径与边缘的距离;"对比"用于设置边缘对比度;"频率"用于设置锚点添加到路径中的密度,数值越小,则产生的锚点就越多。

3. 添加锚点工具

添加锚点工具█用于在已有的路径上增加锚点,使用时将鼠标移动到需要增加锚点的位置单击即可。

4. 删除锚点工具

删除锚点工具█用于将已有路径上的锚点删除,使用时将鼠标移动到需要删除的锚点上单击即可。

5. 转换点工具

转换点工具█用于改变锚点的属性,将锚点在平滑点和角点之间转换,使用方法如下:

(1)角点转换为平滑点在角点上单击并拖动鼠标,沿鼠标移动方向出现方向线,角点转换为平滑点。

(2)平滑点转换为角点分为三种情况:一是用鼠标直接在平滑点上单击,可以将平滑点转换为没有方向线的角点;二是用鼠标拖动平滑点的方向线,则将平滑点转换为具有两条相互独立的方向线的角点;三是按住 Alt 键的同时单击平滑点,将平滑点转换为只有一条方向线的角点。

三、形状绘制工具组

用鼠标在工具箱中的█图标处单击并按住不放,将显示出相关形状绘制工具,如图 5-10 所示。在形状工具组中包括矩形工具、圆角矩形工具、椭圆工具、多边形工具、直线工具及自定义形状工具共六种工具。

在每个形状工具的属性栏中均有三个按钮█████,其含义分别如下:

(1)"创建形状图层"按钮▣：使用形状工具或钢笔工具可创建形状图层。按下该按钮后，在"图层"调板中会自动添加新的形状图层。形状图层可以理解为带形状剪贴路径的填充图层，填充色默认为前景色。单击缩略图可改变填充颜色。

(2)"创建工作路径"按钮▦：按下该按钮后，使用形状工具或钢笔工具绘制的图形，只产生工作路径，不产生形状图层的填充色。

(3)"填充像素"按钮▢：按下此按钮后，绘制图形时，既不产生工作路径，也不产生形状图层，只能使用前景色填充图像。这样绘制的图像将不能作为矢量对象编辑。

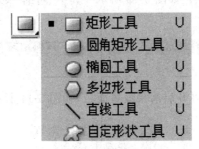

图 5-10

利用各种形状绘制工具，可在图像中绘制直线、矩形、圆角矩形、椭圆等图形，也可绘制多边形和自定义形状图形。

1. 矩形工具的使用

选择"矩形工具"▢，此时其属性如图 5-11 所示。

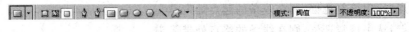

图 5-11

在 ▢▢○○＼☆·中，单击某按钮便可以在钢笔工具以及各种形状工具之间进行切换。选择了相应的工具后（如选择矩形工具），单击右侧的向下箭头，可以进行相应选项（如矩形选项）的设置，如图 5-12 所示。

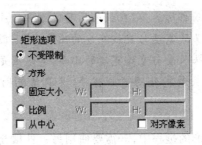

图 5-12

其中参数介绍如下：

(1)不受限制：用于绘制尺寸不受限制的矩形。

(2)方形：选中此单选按钮可在图像中绘制正方形。

(3)固定大小：选中此单选按钮可在图像中绘制固定尺寸的矩形。其右侧的 W、H 文本

框分别用于输入矩形的宽度和高度。

（4）比例：选中此单选按钮可在图像中绘制固定度高比的矩形。其右侧的 W、H 文本框分别用于输入矩形的宽度与高度之间的比值。

（5）从中心：绘制矩形时从图形的中心开始绘制。

（6）对齐像素：绘制矩形时使边靠近像素边缘。

2. 直线工具的使用

选择直线工具，其选项栏如图 5-13 所示。其中"粗细"文本框用于设置所描绘直线的粗细。

图 5-13

单击中的小三角形，可开启箭头设置面板，如图 5-14 所示。其中参数介绍如下：

图 5-14

（1）起点：选中该复选框，则在线条的起点处带箭头。

（2）终点：选中该复选框，则在线条的终点处带箭头。

小 贴 士

若"起点"和"终点"两项都选择，则在线条的两端都带箭头。

（1）宽度：用于设置箭头的宽度与直线宽度的比率，其范围 10%～1 000%。

（2）长度：用于设置箭头长度与直线宽度的比率，其范围是 10%～5 000%。

（3）凹度：用于设置箭头最宽处的弯曲程序，其取值范围为－50%～50%，正值为凹，负值为凸。

在使用形状工具绘制图形的过程中，若需要使用另一种填充颜色，则必须先将当前形状图层转换为普通图层。右击形状图层，在弹出的快捷菜单中选择"栅格化图层"命令即可将其转化。

3. 圆角矩形工具的使用

选择"圆角矩形工具"，其选项栏与"矩形工具"的选项栏大致相同，如图 5-15 所示。

图 5-15

属性栏中的"半径"文本框用于设置所绘制矩形的四角的圆弧半径,输入的数值越小,四个角越尖锐。

单击属性栏上的小三角按钮,开启"圆角矩形工具"下拉列表,其中的参数与矩形工具下拉列表中的完全一样,如图 5-16 所示。

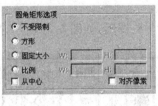

图 5-16

4. 椭圆工具的使用

选择椭圆工具,其选项栏与矩形工具的选项栏相似,其下拉列表也相似,只是其中的"圆"选项用于绘制正圆形。拖动鼠标随意绘制一个椭圆图形,效果如图 5-17 所示。

图 5-17

5. 多边形工具的使用

选择多边形工具，其选项栏如图 5-18 所示。多边形选项设置面板如图 5-19 所示。

图 5-18　　　　　　　　　　　　　　　　　　图 5-19

该面板的参数介绍如下:

(1)半径:用于设置多边形的中心到各顶点的距离,以确定多边形的大小。

(2)平滑拐角:使多边形各边之间实现平滑过渡。

(3)星形:绘制星形图标。

(4)缩进边依据:使多边形的各边向内凹进,以形成星形的形状。

(5)平滑缩进:使圆形凹进代替尖锐的凹进。

6. 自定义形状工具的使用

选择自定义形状工具，其选项栏如图 5-20 所示,其中自定义形状选项设置与其他形状工具的属性栏有所不同。

图 5-20

其中参数介绍如下:

(1)形状:此列表框中提供了一些图形,如图 5-21 所示,用户可以根据需要进行选择。

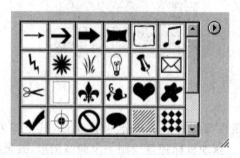

图 5-21

(2)定义的比例:用于限制自定义图形的比例(但大小可改变)。

(3)定义的大小:用于限制自定义图形的尺寸大小。

任务三　操作路径

一、选择工具

绘制好路径后,还可以对路径执行进一步的编辑操作,而"选择工具"主要用于选择路径,如图 5-22 所示。

1. 路径选择工具

路径选择工具用于选择一个或多个路径,该工具与移动工具类似,使用该工具可以移动路径并对路径进行删除、旋转、排列以及变形处理等操作。

使用路径选择工具选择路径时,会将路径全部选取,即将一个路径的锚点和线段全部选取。使用路径选择工具在路径上单击会选择该路径,选择多个路径时可按住 Shift 键逐一选择即可,也可以使用鼠标拖动出一个选择框来选择多个路径。

对路径通常进行以下几个操作:

（1）移动路径：选择路径后直接拖动可以移动路径。

（2）缩放和旋转路径：选中"路径选择工具"选项栏上的"显示定界框"复选框，如图 5-23 所示，再选择路径时，路径的四周将会出现定界框，这时可对路径进行缩放和旋转操作。

图 5-22　　　　　　　　　　　　　　　　　　图 5-23

（3）变形路径：选择路径后选择"编辑→自由变换路径"命令，并在路径上右击，即可对路径进行翻转、扭曲等变形操作。

（4）组合路径：用于将多个路径组合为一个路径，其有"添加到形状区域""从形状区域减去"、"交叉形状区域"和"重叠形状区域除外" 四种组合方式。在对所有路径进行组合时，只需选择其中一个路径即可，若只组合部分路径，需要先把要组合的路径选定后再进行组合操作。

（5）排列路径：用于对两个以上的路径进行排列对齐操作。

（6）分布路径：用于对三个以上的路径进行分布操作。

2. 直接选择工具

直接选择工具 用于选择单一锚点、线段，或用框选的方式（也可以按住 Shift 键逐一选择需要的锚点、线段）选择多个锚点、线段，然后对路径进行移动、变形或删除等操作。使用该工具还可以单独调节锚点的方向线来改变线段的曲度，但调节时不会改变锚点的类型。

二、创建路径

创建路径除使用钢笔组工具和形状工具外，还可以使用下列方法：

（1）通过选区创建路径：首先制作选区，然后单击"路径"调板下端的"从选区生成路径"按钮 ，可以把选区创建为工作路径；也可以在制作选区后，使用"路径"调板中的弹出式菜单中的"建立工作路径"命令来创建路径，选择该命令后，会弹出设置容差的对话框，如图 5-24 所示。设置创建工作路径的容差值，数值越小建立的路径越准确。

图 5-24

（2）利用文字创建路径：在 Photoshop 中，可以很方便地利用文字创建工作路径，使用方法是先创建文字，然后选择"图层→文字→创建工作路径"命令来按照文字的形状创建工作路径。

三、复制和删除路径

1. 复制路径

复制路径常见的方法有以下三种：

(1)使用弹出式菜单中的"复制路径"命令复制路径,在弹出的对话框中可以重新命名路径,如图 5-25 所示。

图 5-25

工作路径不能直接复制,必须先存储为正式路径后才能复制。

(2)使用鼠标把路径缩览图拖动到"路径"调板下端的"创建新路径"按钮 上,也可以复制路径。

(3)在两个文件中复制时,用路径选择工具将选中的路径拖动到另一文件上即可,也可以使用鼠标将"路径"调板上的路径缩览图拖动到另一文件中。

若要复制路径中部分的锚点和线段,可先使用直接选择工具选择需要的锚点和线段,选择"编辑→拷贝"命令,然后在"路径"调板单击要复制到的位置(路径缩览图),选择"编辑→粘贴"命令即可。

2. 删除路径

删除路径常见的方法有以下三种：

(1)若删除路径中的部分锚点和线段时,可以使用路径选择工具或直接选择工具选择需要删除的部分,再按 Del 键即可。

(2)在"路径"调板中,将路径缩览图直接拖动到"路径"调板下端的"删除当前路径"按钮 上,也可以在"路径"调板中先单击需要删除的路径缩览图,再单击"删除当前路径"按钮 。

(3)使用"路径"调板中弹出式菜单命令删除路径。

四、填充路径

把色彩填充到路径中是路径的应用之一,常见方法有以下两种：

(1)单击"路径"调板下端的"用前景色填充路径"按钮 。

(2)选择弹出式菜单中的"填充路径"命令,使用该命令可以精确设置填充的"内容""模式"和"不透明度"等参数。执行该命令后会弹出如图 5-26 所示的对话框,其参数设置如下：

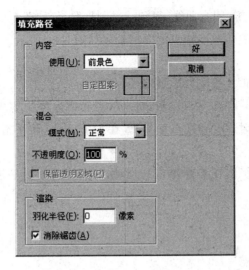

图 5-26

① 内容:用于设置填充"内容",包括"前景色""背景色"和"黑、白、灰"等特定色彩选项,也可以使用"图案"或"历史记录"填充。

② 不透明度和模式:选择混合的模式,及填充的透明度,要使填充透明,应使用较低的百分比。

③ 羽化半径:用于设置填充的边缘羽化效果,数值范围为 0~250 像素。

五、在路径和选区边框之间转换

1. 将路径作为选区载入

将路径作为选区载入的方法有两种:

(1)在"路径"调板中先选择要载入的路径,再单击"路径"调板下端的"将路径作为选区载入"按钮 ⊕ 。

(2)按住 Ctrl 键的同时,在"路径"控制面板中单击要载入的路径缩览图即可。

2. 将选区作为路径载入

用户可以将当前图像中任何选择范围转换为路径,只需选中范围后单击"路径"面板中的 ⬚ 按钮即可。例如,使用角点和平滑点创建圆形效果如图 5-27 所示。

步骤:

(1)新建文件大小为 7cm×7cm。

(2)创建位置为"2,4,6"的三条水平参考线和位置同为"2,4,6"的三条垂直参考线。

(3)选择钢笔工具,在属性栏中选择"创建新路径"。

(4)使用钢笔工具在 A 点单击,创建一个角点。

(5)在 B 点单击并垂直拖动鼠标到两条参考线交点处,创建一个平滑点。

(6)在 C 点单击,创建一个角点。

(7)在 D 点单击并垂直拖动鼠标到两条参考线交点处,创建一个平滑点。

(8)最后在 A 点处单击，闭合曲线，得到一个圆形路径，如图 5-27 所示。

例如，使用转换点工具 改变锚点的类型效果如图 5-28 所示。

操作方法：

(1)按照上述练习中的步骤创建圆形路径。

(2)使用"转换点工具" 在 B 点单击，将平滑点转换为角点，该角点无方向线。

(3)按住 Alt 键的同时，用"转换点工具" 在 D 点单击，将平滑点转换为有一条方向线的角点。

(4)使用"转换点工具" 在 C 点单击并拖动，将角点转换为平滑点，最后得到的效果如图 5-28 所示。

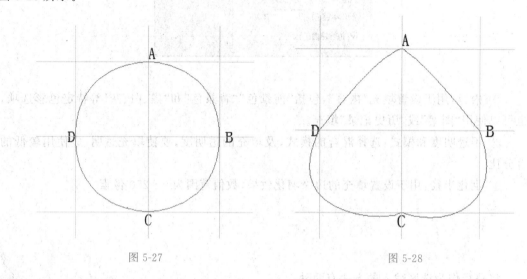

图 5-27 图 5-28

六、描边路径

用色彩描边路径是路径的另一种应用，使用方法有以下两种：

(1)单击"路径"调板下端的"用画笔描边路径"按钮，在当前图层用前景色描边路径。

(2)使用"路径"调板中弹出式菜单中的"描边路径"命令，可以选择描边的工具。

在使用第一种方法描边路径时，如果没有在工具箱中选择描边工具，如画笔工具、模糊工具，那么系统会使用铅笔工具来描边路径。而在描边时，描边的效果与当前所使用的描边工具所设置的参数(如笔形、直径)等有关。

上机作业

学习利用路径抠图

本例主要是以液晶显示器为背景,显示器里显示的是航空母舰,然后有一架飞机从显示器中飞了出来,如图 5-29 所示。在设计的时候,利用"扭曲"调整图片使之正好适合显示器,用钢笔工具对飞机轮廓建立路径来进行抠图,掌握抠图的新方法。

图 5-29

1. 导入图片,进行背景合成

(1)导入素材"显示器.jpg",如图 5-30 所示。

(2)导入素材"航空母舰.jpg"。由于这次的主题是"冲破幻想",因此,我们设计了把航空母舰放入显示器中,来传达我们只能看见却不能真正拥有的意思。

(3)观察图片,发现航空母舰图片是不规则形状的,而显示器是矩形的,怎么能把航空母舰的整张素材都放进去呢?复习旧知:利用"变换"命令中的"扭曲"来实现。变换后效果如图 5-31 所示。

图 5-30

图 5-31

(4)再观察图片,一般来说,显示器屏幕应该是有点凹陷的,所以,可借助"图层样式"来实现。设置如图 5-32 所示,效果如图 5-33 所示。

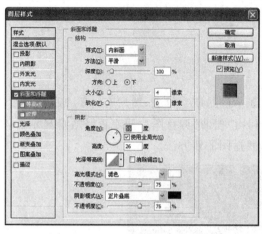

图 5-32   图 5-33

2. 抠出战机,进行合成

打开素材"战斗机 1.jpg",观察图片,飞机和图片比较融合,这里利用创建路径来抠图。

点击"钢笔工具"按钮,只要路径,而不需要内部填充,所以,在属性栏里点选"路径"按钮,然后移动鼠标,在飞机左翼边缘单击左键,点下第一个锚点,然后沿着机翼在第一个角度处点第二个锚点,接着在弯角处点第三个锚点,按这种思路沿着飞机轮廓建立路径,最后和起点合并,效果如图 5-34 所示。

图 5-34

观察图片,发现有很多地方都没包括进去,而且有些地方比如轮胎部位,应该是有弧度的,现在却没有,所以也没完全包括进去,必须借助转换点工具和直接选择工具调整。

首先用缩放工具把机头放大,这样就能更好地进行操作。

点选转换点工具,移动到机头部位第一个锚点处,按住左键往上拖动,就把角度锚点变成了平滑锚点,在拖动过程中,调节方向,使弧线正好把机头半圆部分选中,如图 5-35 所示。

接着运用转换点工具令机头部分正好被路径选中,如图 5-36 所示。

图 5-35

图 5-36

然后观察驾驶舱部位,发现驾驶舱没有被选中,这时可以利用直接选择工具来添加锚点后,在驾驶舱部位的这段路径上进行修改操作。首先点选直接选择工具,在路径上点右键,选择"添加锚点"命令,如图 5-37 所示。

图 5-37

把鼠标移到新添加的锚点上,按住左键往上拖动,将驾驶舱选中,如图 5-38 所示。

按照如上思路,对路径其他段进行修改,使之正好把所在部位选中。最后效果如图 5-39 所示。

图 5-38

图 5-39

小 贴 士

在修改过程中,第一,一定要对局部区域进行放大处理。第二,要充分利用直接选择工具,它能把任意两个锚点间的路径移位,也可以添加锚点后再创造。

　　飞机轮廓已经被路径包围了,现在要把飞机移到新文件中去了,应该怎么做呢？在 Photoshop 中,可以进行选区和路径的互换。将鼠标移到路径上,点右键选择"建立选区",如图 5-40 所示。

　　弹出"建立选区"对话框,选择默认,单击"确定"按钮,效果如图 5-41 所示。

图 5-40

图 5-41

　　点击移动工具把选区内的飞机移动到新文件中,并适当调整大小,如图 5-42 所示。

　　再观察图片,要做的是飞机从显示器中飞出来的效果,机头应该朝右更好一点,所以对它进行水平翻转,然后放到如图 5-43 所示的位置,这样就做出了飞机从显示器中飞出的效果。

图 5-42

图 5-43

　　打开素材"战斗机 2.jpg",再次利用钢笔工具进行抠图,然后变换大小,放在如图 5-44 所示的位置。

　　3. 输入文字,画龙点睛

　　以前都是直接借助文字工具输入文字,如果想变形就再借助"创建文字变形"命令来实现,但现在学习了路径,又有了一种输入不规则排列文字的方法。

　　(1)首先利用钢笔工具创建一段路径,然后用转换点工具转换成平滑锚点,如图 5-45 所示。

　　(2)点击横排文字工具,这时就不是随便点击后输入了,而是把鼠标移到路径的第一个锚点处,这时鼠标变成斜向光标式样。点击后输入文字,发现文字会沿着路径的形状进行排列,如图 5-46 所示。

（3）对文字进行"添加颜色"和"描边"设置，效果如图 5-47 所示。

图 5-44

图 5-45

图 5-46

图 5-47

小 贴 士

　　如果不想看到文字下面的路径，只要在文字设置好后，选择"栅格化图层"命令，将其转变成图像图层就可以了。

4. 输出作品

（1）点击"文件→存储"命令，以"冲出幻想"为文件名，保存为 PSD 格式。

（2）再点击"文件"下拉菜单，选择"存储为"命令，以"冲出幻想"为文件名，保存为 JPEG 格式。

项目六　图层与蒙版

　　当运用 PS 进行图片合成时,我们知道要把不同的对象放在不同的层里,这样就可以独立地对任意一个对象进行调整,而不会影响到别的对象,这就是 PS 提供给我们的最基础也是最重要的功能——图层。PS 中的图层有五种基本类型,同时,PS 还提供了图层与图层之间的混合模式,可以对图层添加蒙版,进行抠图,也提供了图层样式。通过这些功能,我们能轻松地实现图片合成效果、图片的复杂特效等。还等什么? 赶快开始吧……

图层和蒙版
图层面板和图层类型
图层和蒙板的基本操作
图层样式

★技能目标

(1)了解图层及图层的分类。

(2)掌握图层混合模式及图层样式的应用。

(3)掌握填充/调整图层的应用。

(4)掌握蒙版的应用。

★能力目标

培养科学的组织事务的能力。

任务一　图层面板和图层类型

　　图层是在 Photoshop 中实现各种效果的重要功能之一。形象地说,图层相当于一张透明的纸,透过这层纸可以看到下面的内容,而该纸张已经上色的部分则会将下面的内容挡住。

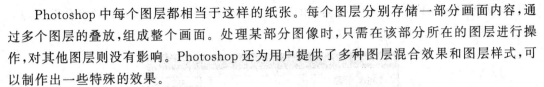

Photoshop 中每个图层都相当于这样的纸张。每个图层分别存储一部分画面内容,通过多个图层的叠放,组成整个画面。处理某部分图像时,只需在该部分所在的图层进行操作,对其他图层则没有影响。Photoshop 还为用户提供了多种图层混合效果和图层样式,可以制作出一些特殊的效果。

在 Photoshop 中,图层有五种基本类型,分别是普通图层、文本图层、调节图层、背景图层和剪切路径图层。

1. 普通图层

在图像的处理中,用得最多的就是普通图层。在普通图层中,可以随意添加图像、编辑图像,任何操作都不会受到限制。

2. 文本图层

当用户使用文本工具进行文字输入后,系统即会自动地新建一个图层,这个图层就是文本图层。它对文字内容具有保护作用,因此许多操作都受到限制,如不能直接在文字层上画图、填充等。

3. 调节图层

调节图层不是一个存放图像内容的图层,它主要用来控制色调及色彩的调整,存放的是图像的色调和色彩,包括色阶、色彩平衡等的调节,但不会影响到图层本身的内容,因此,建议在调整图像的色彩时,注意灵活运用调节图层。

4. 背景图层

背景图层是一种特殊的图层,是一种不透明的图层,其底色是以背景色的颜色来显示的。当新建一个图像文件时,将自动产生一个背景图层。

5. 剪切路径图层

在使用形状工具绘制图形时,可以形成剪切路径图层,运用剪切路径图层创建网页按钮、网页图标等非常有效。

小 贴 士

> 背景层可以转换成普通的层,也可以基于普通层来建立,在背景层中,许多操作都受到限制,如不能改变其不透明度,不能使用图层样式,不能调整其排列次序等。

任务二 图层和蒙版的基本操作

一、新建图层

在图像处理时,可以任意创建新的图层,单击图层控制面板底部的"创建新图层"按钮,即可增加新的空白图层以符合图像编辑的需求。新的图层将会被加入至目前操作图层的上层，并依照次序命名，如图 6-1 所示。

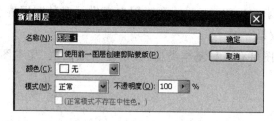

图 6-1

如果想要新建的图层出现在目前操作图层的下方，可在按住 Ctrl 键的同时单击图层面板下面的"创建新图层"按钮即可。

另外，按住 Alt 键的同时单击"创建新图层"按钮，可以弹出"新建图层"对话框，在其中可以设置图层名称、颜色、混合模式以及透明度等图层属性，最后单击"确定"按钮即可。

二、选择图层

● 选择单个图层：在图层控制面板中只需在要选择的图层上单击即可。选中的图层呈灰度反白显示。

● 选择多个图层：在图层控制面板中选择一个图层后，按下 Shift 键的同时单击另一个图层，则位于这两个图层之间的所有图层都会被选中；按下 Ctrl 键的同时单击需要选择的图层，可以选择不连续排列的多个图层。

● 选择移动工具后，按下 Ctrl 键的同时，在图像窗口中单击需要选择图层中的图像，即可选择该图层。如果在移动工具选项栏中选中"自动选择图层"复选框，则直接单击需要选择图层中的图像即可。

● 在未选中"自动选择图层"复选框时，按下 Ctrl＋Shift 键的同时，单击需要选择的图层中的图像，则可以选择多个图层；在选中"自动选择图层"复选框时，只需同时按下 Shift 键即可。

三、调整图层的顺序

在 Photoshop 中，位于上层的图像会遮盖下层的图像，因此一幅图像的总体效果与图层的上下位置有很大的关系。通过调整图层的排列顺序，所得到的显示效果也会不同。

四、显示与隐藏

在图层控制面板中,位于图层左侧的眼睛图标处于显示状态时,表示该图层是可见的。单击眼睛图标,使其不可见时,即可在图像窗口中隐藏该图层;再次单击眼睛图标,又可以重新显示该图层。

五、删除图层

如果需要将图像中多余的图层清除,可以选择需要删除的图层,然后单击图层控制面板下面的"删除图层"按钮,Photoshop 将会自动弹出提示对话框,也可以直接将需要删除的图层拖至"删除图层"按钮上。

六、复制图层

当需要复制整个图层中的图像时,在图层控制面板上选择该图层,如图 6-2 所示,然后将需要复制的图层拖至控制面板底部的创建新图层按钮上,释放鼠标后,即可快速地对图层进行复制。复制的图像完全重叠,此时在复制的图层名称后会加上"副本"字样,以示区别,如图 6-3 所示。

图 6-2　　　　　　　　　　　　　　　　图 6-3

复制图层最快捷的方式是：按下 Alt 键的同时拖动需要复制的图层，释放鼠标后即可完成对该图层的复制。

七、链接图层

图层链接是将多个图层的一些编辑操作联系起来，使对目前图层进行的变换、移动等编辑操作可以同时应用到多个图层上。

在图层控制面板上同时选取多个图层后，单击面板下方的"链接图层"按钮，即可创建链接图层，在链接图层中将显示链接标记，如图 6-4 所示。再次单击"链接图层"按钮，可以取消图层之间的链接。

图 6-4

八、合并图层

在编辑很多图层的复杂图像时，可以将已经编辑好的图层合并起来，能有效地减少图像文件大小，加快处理的运算速度，也利于对图层进行管理和归类。

Photoshop 提供了三种不同的图层合并方式，它们被放置在"图层"菜单中。

● 向下合并：将当前所选图层与下一层合并为一个图层。

● 合并可见图层：将图层面板中所有可见的图层合并成同一个图层，处于隐藏状态的图层将不会被合并。

● 拼合图像：可以将所有图层拼合为单一的背景图层，文件会因此缩小，如果有图层处于隐藏状态，系统会弹出对话框，提示是否要合并隐藏图层。

小　贴　士

当同时选择多个图层时,"向下合并"命令变为"合并图层"命令,执行该命令后可以将所选的所有图层合并为一个图层。

九、应用组

组是一个重要的图层管理功能,它好比一个容器,能将多个图层放置在这个容器中,从而帮助用户有条理地对图层进行管理,这在进行复杂的图像编辑处理时非常有用。

1. 创建新组

在图层控制面板中单击"创建新组"按钮,即可新增一个空白的图层组,如图 6-5 所示。

2. 从图层新建组

选择需要装入组的图层后,单击图层控制面板中的按钮,在弹出的菜单中选择从"图层新建组"命令,如图 6-6 所示。设置组属性后,单击"确定"按钮,即可在创建新组的同时,自动将所选的所有图层放置在该组中,如图 6-7 所示。

图 6-5

图 6-6

小　贴　士

在选择需要装入组的图层后,按下 Ctrl＋G 组合键,可以直接从图层新建组,而减少进行组属性设置这一步。

3. 锁定组内的所有图层

选取目标图层组,执行"图层→锁定组内的所有图层"命令,可以打开"锁定组内的所有图层"对话框,如图 6-8 所示,在此设置锁定图层的项目后,单击"确定"按钮即可。

图 6-7   图 6-8

4. 删除组

删除组有两种形式：一种是删除组和组中的所有图层；另一种是仅删除组而保留组中的所有图层。

十、图层的不透明度、混合模式和锁定操作

用户可以通过改变图层的不透明度和混合模式来调整图层中的图像效果，还可以通过锁定图层的方式来方便用户对图层进行相应的编辑。

在图层控制面板上方，提供了四个锁定图层的功能按钮，如图 6-9 所示。

图 6-9

● "锁定透明像素"按钮：用于锁定图层中的透明像素。选取该项后，在对该图层中的图像进行任何编辑和处理时，在图层中的透明区域将不受影响。

● "锁定图层像素"按钮：用于锁定图层像素。选取该选项后，将不能对该图层中的图像进行任何编辑和处理。

● "锁定位置"按钮：用于锁定图像在窗口中的位置。选取该选项后，不能移动该图层的位置。

● "锁定全部"按钮：用于锁定整个图层像素和图层的位置。

十一、创建填充图层

图 6-10 为使用填充图层创建的一个画面。创建填充图层的面板如图 6-11 所示。

图 6-10

图 6-11

● 执行"图层→新建填充图层"命令,在展开的下一级子菜单中可以选择所要创建的填充图层类型。

● 选择"纯色"命令后,可以创建纯色的填充图层,用户可以在"拾色器"对话框中自定义颜色参数。

● 选择"渐变"命令后,可以创建渐变色的填充图层,用户可以在"渐变填充"对话框中对渐变参数进行设置。

● 选择"图案"命令后,可以创建图案的填充图层,用户可以在"图案填充"对话框中对图案样式等参数进行设置。

在图层控制面板中单击"创建新的填充或调整图层"按钮,也可以进行创建调整图层的设置。

十二、蒙版

使用蒙版可以对图层中的图像部分隐藏,而且通过修改图层蒙版,可以对图层的显示范围进行编辑,而不会影响图层中的图像。

Photoshop 中的蒙版主要分为图层蒙版和矢量蒙版两种,另外还有快速蒙版、剪贴蒙版。

十三、添加图层蒙版

图 6-12、图 6-13 分别是使用图层蒙版制作的效果和图层蒙版的面板。

图 6-12

图 6-13

　　要在图层上添加图层蒙版,只要在图层控制面板上选取要加入蒙版的图层,然后单击"添加图层蒙版"按钮即可创建全白的图层蒙版。

　　(1)按住 Alt 键的同时单击"添加图层蒙版"按钮,可以创建全黑的图层蒙版,此时可以完全隐藏该图层中的所有图像。

　　(2)在使用画笔工具涂抹的过程中,可以适当调整画笔的不透明度,以使图像之间过渡得更加自然。使用黑色进行涂抹,可以隐藏涂抹的区域;使用白色进行涂抹,可以取消涂抹区域的遮罩效果。

1. 按选区添加图层蒙版

　　打开一个图形,如图 6-14 所示。用户可以在当前图层中创建一个图形为选区,然后单击"创建图层蒙版"按钮(图 6-15),即可将位于选区以外的图像区域全部隐藏(图 6-16)。

图 6-14

图 6-15

图 6-16

2. 停用或启用蒙版

在添加图层蒙版后,在图层蒙版缩览图上单击右键,在弹出的快捷菜单中选择"停用图层蒙版"命令,此时在图层蒙版缩览图中将出现停用标记,即可取消图层蒙版的效果。再次在图层蒙版的缩览图上单击鼠标右键,在弹出的快捷菜单中选择"启用图层蒙版"命令,即可恢复蒙版效果。

十四、添加矢量蒙版

选择需要添加矢量蒙版的图层,执行"图层→矢量蒙版→显示全部"命令,可以添加显示全部内容的矢量蒙版;执行"图层→矢量蒙版→隐藏全部"命令,则可以添加隐藏全部内容的矢量蒙版。

十五、快速蒙版

快速蒙版是一种用于保护图像区域的临时蒙版。默认情况下,蒙版有以标准模式编辑

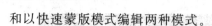

和以快速蒙版模式编辑两种模式。

十六、剪贴蒙版

剪贴蒙版是一组图层的总称。创建剪贴蒙版必须有上下两个相邻的图层(即剪贴层和蒙版层)。

创建剪贴蒙版方法:① 在按住 Alt 键的同时,将光标放在图层调板中两个图层的分隔线上,当光标变成双圆形状时单击鼠标左键即可。② 在图层调板中选择位于上层图层,然后按下 Ctrl＋Alt＋G 组合键,即可快速执行创建剪贴蒙版的操作。③ 在图层调板中选择要创建剪贴组的两个图层中的任意一个图层,然后执行"图层→创建剪贴蒙版"命令即可。

上 机 作 业

制作天使钟

(1)准备素材,如图 6-17 和图 6-18 所示。

图 6-17

图 6-18

(2)抠出天鹅翅膀并复制到钟表图像中,如图 6-19 所示。

图 6-19

(3)按图示移动翅膀并置于钟表层下方,如图 6-20 所示。

(4)复制翅膀层并水平翻转,如图 6-21 所示。

图 6-20　　　　　　　　　　　　　　　图 6-21

（5）插入天空背景，如图 6-22 所示。

（6）合并钟表层和翅膀层，执行"自由变换→扭曲"命令，如图 6-23 所示。

图 6-22　　　　　　　　　　　　　　　图 6-23

（7）打开图层样式窗口并按混合模式"滤色"设置，如图 6-24 所示。

（8）复制层，执行"滤镜→模糊→动感模糊"命令，并按图 6-25 所示设置，操作后的效果如图 6-26 所示。

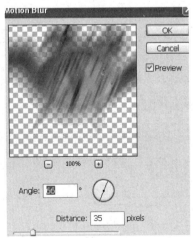

图 6-24　　　　　　　　　　　　　　　图 6-25

（9）反复按下 Ctrl＋F 组合键，并应用相同的滤镜效果，如图 6-27 所示。

图 6-26

图 6-27

（10）将复制层置于原图层下方，如图 6-28 所示。

（11）复制天空背景，并将其置于最顶层，将图层模式改为"强光"，如图 6-29 所示。

图 6-28

图 6-29

项目七 通 道

　　我们已经学会了建立选区,甚至是复杂的选区,但是当你又创建新选区后,以前的选区还存在吗?如果有方法能保存选区该多好啊……学习知识是一个渐进的过程,当我们发现掌握的知识不能解决问题时,是不是对新知识特别渴望呢?今天就让我们走进PS的通道应用领域吧。

内 容 结 构

通道 { 通道分类 / 通道管理与编辑

学 习 目 标

　　★技能目标
　　(1)了解什么是通道。
　　(2)掌握利用通道抠图的方法。
　　(3)掌握利用Alpha通道建立复杂选区的方法。
　　★能力目标
　　(1)培养读者直观理解难点的能力。
　　(2)培养读者提炼要点的能力。

任务一　通道分类

　　颜色通道保存了图像的所有颜色信息。每一个颜色通道都是一个8位灰度图像。灰度颜色的浓淡即代表色彩的浓淡,合成每一个通道的颜色后,即组成该图像的颜色。

　　RGB原色图像中有四个通道,分别是RGB通道、红色通道、绿色通道和蓝色通道,其中RGB为混合通道,如图7-1所示。

任务二 通道管理与编辑

一、复制和删除通道

在通道控制面板中,将需要复制的通道拖至"创建新通道"按钮上,即可复制该通道。也可选中要复制的通道,单击面板右上方的按钮,在弹出的菜单中选择"复制通道"命令即可,如图 7-2 所示。

图 7-1

图 7-2

选取需要删除的通道,单击通道控制面板底部的"删除当前通道"按钮即可,也可在该颜色通道上单击鼠标右键,在弹出的快捷菜单中选择"删除通道"命令。

二、显示和隐藏通道

如图 7-3 所示,这个面板隐藏了红、蓝、混合通道。

三、认识 Alpha 通道

Alpha 通道最主要的功能是创建、存储和编辑选区,它和颜色通道一样,本身都是灰度图像,可以被编辑并可以重复运用到图像上,如图 7-4 所示。

图 7-3

图 7-4

要新建一个空白 Alpha 通道,单击通道控制面板底部的"创建新通道"按钮,此时在通道控制面板中会出现一个 8 位的灰度通道。

新建一个 Alpha 通道的另一个操作方法是:在图像窗口中建立选区后,单击通道控制面板上的"将选区存储为通道"按钮,即可将选区转换成 Alpha 通道,效果如图 7-5 所示。

图 7-5

选择 Alpha 通道后,单击"将通道作为选区载入"按钮,又可将通道作为选区载入。

四、将通道作为选区载入

选择任一通道后,单击"将通道作为选区载入"按钮,即可载入该通道中保存的选区。

五、分离通道为图像

分离通道功能可以将图像中的每个通道分离为各自独立的灰度图像文件,用户可以将分离出来的图像文件单独进行编辑和保存。

将需要应用分离通道功能的图像切换为当前图像,单击通道控制面板中的按钮,在弹出式菜单中选择"分离通道"命令。

六、合并通道

在将图像按通道分离为单独的文件后,在不改变文件大小的情况下,选择通道控制面板弹出式菜单中的"合并通道"命令,在弹出的"合并通道"对话框中(图 7-6)选择合并后的图像色彩模式,单击"确定"按钮,即可将分离后的文件合并为 RGB 或其他色彩模式的彩色图像。

图 7-6

小试身手 ——"超强抠图合成创意"制作

设计思路:本实例独创之处为:突破抠图思想局限,将通道作为最终制作结果用于合成,素材本身只是一个辅助图像。

设计结果如图 7-7 所示的效果。

(1)为了保证最终图像的清晰,需要把图像放大,在完成抠图之后再把图像缩小至原始大小。注意:这里的"放大"不是用放大镜工具放大观看,而是将图像整体用"图像→图像大小"命令放大,如图 7-8 所示,将单位改为百分比,选中"约束比例",把图像宽高都设置为原来的 400%,单击"好"按钮,图像就被放大。

图 7-7　　　　　　　　　　　图 7-8

(2)对图像进行破坏性的操作。由于本实例只是将素材作为一个辅助设计的图像来对待,所以没有将背景层复制。如果要抠取原始素材中的羽毛,可以将背景层拉到"新建图层"按钮上,复制一份。这样在对副本进行色相/饱和度操作之后,还会保留一个没有被破坏过的背景层,方便以后的制作。

使用"图像→调整→色相/饱和度"命令,如图 7-9 所示,将颜色进行调整,把黄色的草地变为绿色,同时将颜色饱和度提高。

 小 贴 士

之所以要把背景变成绿色,并要提高饱和度,这与颜色混合模式有关。这个图像是RGB颜色,只要把背景变成红、绿、蓝中任意一个原色,就可以把草地背景在相应的颜色通道最亮化,从而在另外两个通道中暗化。同样的,提高饱和度可以将黄色的杂草在原色通道中更加亮化,在另外的通道中暗化,白色在任何通道里都是白色显示,所以这样调色就会有通道出现羽毛与背景的最大程度分离,方便下一步的细致修理。

(3)通过观察可以看到,使用了"色相/饱和度"命令之后,白色部分的变化最小,而背景

却有了巨大的变化。

　　这是因为纯白色和纯黑色在调整色相和饱和度时是没有变化的,只有同时调整了明度,才可以将白色和黑色进行颜色变化,越是接近纯白色和纯黑色的颜色,越具有这样的特点。通过这步操作,将白色的羽毛与黄色的背景明显区分开来,方便下一步的操作。

　　(4)经过这样的调整之后,如图7-10①所示,在蓝色通道中,黑白最为分明,即可用这个通道来制作。将蓝色通道拉到"新建"按钮上,将它复制一份,如图7-10②所示。

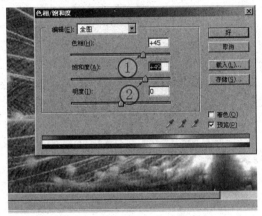
图 7-9

图 7-10

　　(5)可以看到,图像各部分的羽毛清晰程度仍有不同。右下方的羽毛旁边有很多杂乱信息没有去掉,而别的地方的羽毛则比较清晰。这时需要制作两个通道,相互结合从而做出最终所需图像。

　　再将蓝通道复制一份,如图7-11所示。

　　(6)下面对两个通道进行不同程度的色阶处理,一个处理得重一点,把杂乱的地方全滤掉,另一个则轻一点,保证更多的羽毛可以看到。这样可以让两个通道取长补短,最大限度地保留清晰的羽毛,也最大限度地去掉杂乱的地方。

　　先对蓝副本通道执行"图像→调整→色阶"命令,如图7-12①所示,将杂乱的地方滤掉,可以看到,羽毛也损失了很多。如图7-12所示,滑块调整到右侧,整个通道比较暗。

图 7-11

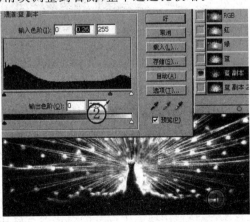
图 7-12

(7)对蓝副本 2 通道进行色阶处理,如图 7-13 所示,保留更多的羽毛。

(8)按住 Ctrl 键单击蓝副本 2,将蓝副本 2 通道载入选区。按 Ctrl＋H 键,将选区隐藏。这时虽看不到选区,但是选区是起作用的,方便用户直观地进行修理。

进入蓝副本通道,选择一个较软的画笔,使用白色,降低画笔不透明度,在羽毛损失比较严重的地方涂一涂,可以看到羽毛会被慢慢加上。注意:不要把杂乱的图像也涂出来。这个方法可以结合两个通道的优点,从而将多余的部分完美地过滤掉,如图 7-14 所示。

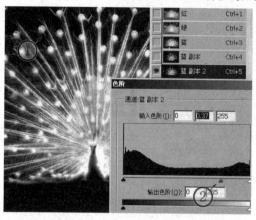

图 7-13

图 7-14

(9)完成后按 Ctrl＋D 键取消选择。如果最后发现还是有杂乱的图像在其中,可以用软的黑色画笔,降低不透明度,在多余的图像上慢慢修复,如图 7-15 所示。

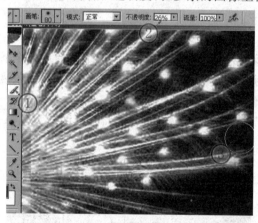

图 7-15

图 7-16

(10)修改后的大致效果如图 7-16 所示。这一步是比较花费时间和精力的,只有多练习,才可以在以后的工作中提高效率。

(11)使用"图像大小"命令,再将图像缩小为最初打开时的大小。羽毛被最大限度地保留,如图 7-17 所示。

(12)按 Ctrl＋A 组合键全选修好的通道,按 Ctrl＋C 组合键复制。这一次不用图层来完成合成,直接使用通道中做好的图像来合成作品。

打开前面提供的背景图像,按 Ctrl＋V 组合键粘贴在新层中,如图 7-18 所示。

图 7-17　　　　　　　　　　　　　　　　图 7-18

(13)如果用户觉得黑色的背景不够美观,只要把这个图层的混合模式改为"滤色",黑色就会被完美地去除。这一功能是"滤色"混合模式的特有功能,也是最常用的一种去黑色背景的方法,如图 7-19 所示。

(14)最后效果如图 7-20 所示。

图 7-19　　　　　　　　　　　　　　　　图 7-20

上机作业

制作另类火焰

(1)新建一个 500×500 像素,RGB 模式,白色为背景的图像,将前景色设置为黑色,填充背景层。

(2)执行"滤镜→渲染→镜头光晕"命令,亮度为 100,镜头类型选"50～300 毫米变焦",将光晕中心移至图像中心,如图 7-21 所示。

(3)按 Ctrl＋B 组合键将中间值的青色调节至－100,蓝色调至＋100,再按 Ctrl＋M 组合键将光晕边缘颜色调厚,如图 7-22 所示。

(4)执行"滤镜→扭曲→波浪"命令,将生成器数设置为 6,波长最小值为 60、最大值为 100,波幅最小值为 1、最大值为 180,水平、垂直比例都为 100％,类型选择"正弦",未定义区域选择"重复边缘像素",如图 7-23 所示。

图 7-21   图 7-22   图 7-23

(5)将背景图层复制一个置于最上,按 Ctrl+I 组合键将颜色反转,再按 Ctrl+F 组合键将波浪滤镜再执行一次,并将此图层的混合模式改为差值,如图 7-24 所示。

(6)按 Ctrl+B 组合键将中间值的青色调节至-100,再执行"图像→调整→渐变映射"命令,简便类型选择"简单",样式选择第一种蓝到白渐变,并把渐变选项设置为"反向",如图 7-25 所示。

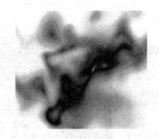
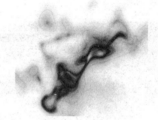

图 7-24   图 7-25

(7)按 Ctrl+I 组合键将颜色反转,再按 Ctrl+M 组合键将图像的明度调高,如图 7-26 所示。

(8)执行"滤镜→扭曲→极坐标"命令,选中"极坐标到平面坐标",并将图像垂直翻转,再用扭曲滤镜中的波浪,数值可以自己设置,如图 7-27 所示。

(9)进入通道面板,按住 Ctrl 键单击蓝色通道,再用 Ctrl+M 组合键将颜色调亮,再按住 Ctrl 键单击红色通道,选区浮起后再按住 Ctrl+Alt 组合键单击蓝色通道,将选区内的颜色用曲线调暗,然后将饱和度调高,使火焰有一定层次感,最后可以用 Ctrl+U 组合键或者 Ctrl+B 组合键来调节颜色与饱和度,如图 7-28 所示。

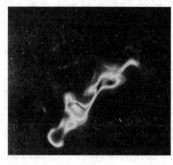

图 7-26   图 7-27   图 7-28

项目八 文字编辑

在平面设计中,文字编排设计非常重要。Photoshop 提供了文字工具,可以进行文字的创建、编排和修改,同时在图层面板中生成一个特殊的文字图层。这个项目讲述有关文字的创建和编辑方法。

文字编辑 ┤ 创建与编辑文本
　　　　 ┤ 文本的变形
　　　　 └ 变形文字

(1)掌握创建与编辑文本的方法。
(2)掌握文本的变形。

任务一　创建与编辑文本

在 Photoshop 中提供了四种类型的文字工具,如图 8-1 所示。

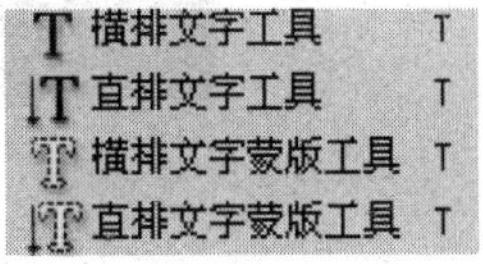

一、输入文字类型

在 Photoshop 中可以创建两种类型的文字,分别是点文本和段落文本。

T 横排文字工具	T
IT 直排文字工具	T
横排文字蒙版工具	T
直排文字蒙版工具	T

图 8-1

1. 输入点文本

点文本通常在文字内容较少的时候使用,如图 8-2 所示。

115

图 8-2

2. 输入段落文本

输入段落文本和点文本方法相同,使用直排文字或横排文字时在图像窗口按下鼠标左键并拖动,释放左键会创建一个段落文本框并出现文字光标,输入所需的文字后单击"提交"按钮即可,如图 8-3 所示。

图 8-3

二、输入文字选区

使用横排文字蒙版工具和直排文字蒙版工具,在图像窗口中单击,在出现文字光标后输入文字,此时将以文字的图像范围作为基础来创建蒙版,输入完成后单击工具选项栏中的提交按钮,文字型的蒙版范围将自动转换成选区。

创建文字型选区后,就可以像编辑普通选区一样,对其进行填色、变换以及描边等操作,如图8-4所示。

图 8-4

三、设置文字属性

在输入文字后,为了使文字能更切合所要表达的主题,并达到与图像、色彩相统一的效果,通常都需要对文字的字体、大小、颜色、间距以及对齐方式等属性进行设置。

设置文字属性的选项栏如图8-5所示。

图 8-5

- 更改文字方向:直排和横排。
- 更改字体列表:设置文字的字体。
- 更改字体样式列表:常规、粗体、斜体、粗斜体,有些只有在选择英文字体时才会被激活。
- 更改字号列表:选择文字的大小。
- 列表:用于消除文字锯齿的方式。
- 文字对齐按钮:左对齐、居中对齐、右对齐。
- 颜色选择块:可以设置文字的颜色。
- 创建变形文字:用于对文字进行变形处理。
- 按钮:单击该按钮,可以显示或隐藏字符和段落调板。

四、设置段落属性

段落属性的面板如图8-6所示。

图 8-6

任务二　文本的变形

一、转换文字

用户可以将文字图层转换为普通图层、路径或形状，以方便进行相应的编辑。

1. 栅格化文字图层

通过栅格化命令将文字图层转换为普通图层后，就可以像编辑普通图层一样，可以丰富文字效果。

栅格化文字图层的方法为：选择需要转换的文字图层，在右键菜单中选择"栅格化"或执行"图层→栅格化→文字"命令即可。

2. 将文字转换为路径

用户将文字转换为路径后，会在路径控制面板中自动创建一个工作路径，这时就可以对文字应用各种笔触的描边效果。

打开图形，如图 8-7 所示，选择文字图层，执行"图层→文字→创建工作路径"命令，即可创建文字路径，如图 8-8 所示。

图 8-7

图 8-8

3. 将文字转换为形状

将文字转换为形状后,可以创建一个形状图层,此时的文字具有矢量图形的编辑能力,用户可以使用直接选择工具,像编辑矢量图形一样,对文字的形状进行编辑。

执行"图层→文字→转换为形状"命令,即可按文字的外形转换为形状。

二、文字沿路径排列

在 Photoshop 中,可以很轻松地制作文字沿路径排列的效果,如图 8-9 所示。

图 8-9

三、变形文字

在 Photoshop 中,除可以对图像和选区应用变形效果外,同样也能为文字应用变形的效果,变形文字的对话框如图 8-10 所示。

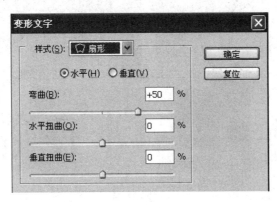

图 8-10

● 弯曲:用于控制变形的程度。数值越大,变形效果越明显;数值为负时,文字将向相反方向变形。
● 水平扭曲:控制文字在水平方向上的变形程度。
● 垂直扭曲:控制文字在垂直方向上的变形程度。

"为图加入文字"

步骤;

（1）打开素材，如图 8-11 所示，选择横排文字工具。

（2）选择方正姚体、24 点大小；输入文字，字体颜色为紫色，如图 8-12 所示。

图 8-11

图 8-12

（3）选择"集锦"两字，在选择栏中设置为华文彩云字体，颜色改为绿色，如图 8-13 所示。

（4）将"集锦"两字进行颜色填充，先栅格化图层，再建立选区进行颜色的填充，如图 8-14 所示。

图 8-13

图 8-14

上机作业

制作"蝴蝶文字"

设计思路：在创建的形状"路径"中输入文字后，就可创建各种异形轮廓的段落文本。如

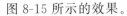

图 8-15 所示的效果。

步骤：

（1）选择自定义形状工具，在其工具选项栏中单击"路径"按钮，选择蝴蝶形状样式，在图像窗口绘制出来，如图 8-16 所示。

图 8-15   图 8-16

（2）选择横排文字工具，在工具选项栏中设置适当的文字颜色后，将光标移至路径中输入所需要的文字，如图 8-17 所示。

（3）在字符调板中为文字设置适当的字体、字体大小、间距属性，如图 8-18 所示。

图 8-17   图 8-18

项目九　滤　　镜

　　当你感觉照片不符合意境时,是不是很苦恼? 不知道怎样烘托气氛,比如圣诞节拍的照片,画面里竟然没有下雪,如果能添加飘雪效果,那么气氛不就有了吗? 我们已经学会了制作老照片的效果,如果能给它添加些斑驳的线条是不是会更好? ……PS 这么强大,应该能解决这些问题。这不,即将开始学习的滤镜就能帮助我们解决这些问题,能帮助我们实现很多神奇的效果。准备好了吗? 让我们一起探秘 PS 滤镜应用领域吧……

滤镜 {使用滤镜
　　　滤镜技巧

★技能目标
(1)理解什么是滤镜。
(2)掌握常用滤镜的使用方法。
★能力目标
(1)培养读者透过现象了解本质的素质。
(2)培养读者善于观察、善于提问、善于应用所学知识解决问题的能力。

任务一　使用滤镜

　　滤镜是 Photoshop 的特色工具之一,具有强大的功能。滤镜产生的复杂数字化效果源自摄影技术,滤镜不仅可以改善图像的效果并掩盖其缺陷,还可以在原有图像的基础上产生许多特殊的效果。

Photoshop 可以通过"滤镜"菜单进行访问,如图 9-1 所示。对于抽出、液化、图案生成器,会在后面的章节中讲解。

图 9-1

一、第一组:像素化

像素化滤镜将图像分成一定的区域,将这些区域转变为相应的色块,再由色块构成图像,类似于色彩构成的效果。

1. 彩块化滤镜

(1)作用:使用纯色或相近颜色的像素结块来重新绘制图像,类似手绘的效果。

(2)调节参数:无。

2. 彩色半调滤镜

(1)作用:模拟在图像的每个通道上使用半调网屏的效果,将一个通道分解为若干个矩形,然后用圆形替换掉矩形,圆形的大小与矩形的亮度成正比。

(2)调节参数:如图 9-2 所示。

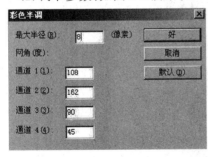

图 9-2

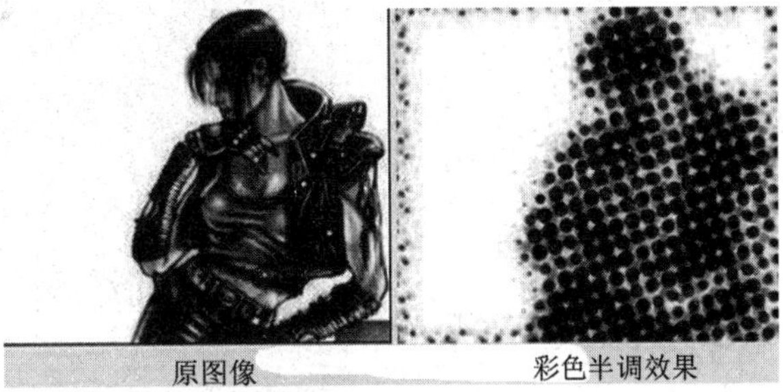

原图像   彩色半调效果

图 9-3

● 最大半径:设置半调网屏的最大半径。

● 网角:对于灰度图像,只使用通道1;对于 RGB 图像,使用通道1、通道2和通道3,分别对应红色、绿色和蓝色通道;对于 CMYK 图像,使用四个通道,对应青色、洋红、黄色和黑色通道。

(3)图解效果:如图 9-3 所示。

3. 点状化

(1)作用:将图像分解为随机分布的网点,模拟点状绘画的效果。使用背景色填充网点之间的空白区域。

(2)调节参数:如图 9-4 所示。

● 单元格大小:调整单元格的尺寸,不要设置过大,否则图像将变得面目全非,一般范围是 3～300。

(3)图解效果:如图 9-5 所示。

图 9-4

原图像　　　　点状化效果

图 9-5

4. 晶格化滤镜

(1)作用:使用多边形纯色结块,重新绘制图像。

(2)调节参数:如图 9-6 所示。

图 9-6

(3)图解效果:如图 9-7 所示。

图 9-7

5.碎片滤镜

(1)作用:将图像创建四个相互偏移的副本,产生类似重影的效果。

(2)调节参数:无。

(3)图解效果:如图 9-8 所示。

图 9-8

6.铜版雕刻滤镜

(1)作用:使用黑白或颜色完全饱和的网点图案重新绘制图像。

(2)调节参数:如图 9-9 所示。

图 9-9

● 类型：共有 10 种类型，分别为精细点、中等点、粒状点、粗网点、短线、中长直线、长线、短描边、中长描边和长边。

(3)图解效果：如图 9-10 所示。

原图像　　　　　　　　　　铜版雕刻效果

图 9-10

7. 马赛克滤镜

(1)作用：即众所周知的马赛克效果，将像素结为方形块。

(2)调节参数：如图 9-11 所示。

● 单元格大小：调整色块的尺寸。

(3)图解效果：如图 9-12 所示。

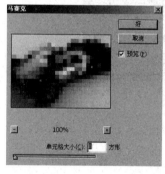

图 9-11

图像　　　　　　　　　　马赛克效果

图 9-12

二、第二组：扭曲

扭曲滤镜通过对图像应用扭曲变形实现各种效果。

1. 波浪滤镜

(1)作用：使图像产生波浪扭曲效果。

(2)调节参数：

● 生成器数：控制产生波的数量，范围是 1～999。

● 波长：其最大值与最小值决定相邻波峰之间的距离，两值相互制约，最大值必须大于或等于最小值。

● 波幅:其最大值与最小值决定波的高度,两值相互制约,最大值必须大于或等于最小值。

● 比例:控制图像在水平或垂直方向上的变形程度。

● 类型:有三种类型可供选择,分别是正弦、三角形和正方形。

● 随机化:每单击一下此按钮都可以为波浪指定一种随机效果。

● 折回:将变形后超出图像边缘的部分反卷到图像的对边。

● 重复边缘像素:将图像中因为弯曲变形超出图像的部分分布到图像的边界上。

(3)图解效果:如图9-13、图9-14所示。

原图像　　　　　　　　正弦模式

图9-13

三角形模式　　　　　　正方形模式

图9-14

2. 波纹滤镜

(1)作用:可以使图像产生类似水波纹的效果。

(2)调节参数:

● 数量:控制波纹的变形幅度,范围是-999%~999%。

● 大小:有大、中和小三种波纹可供选择。

(3)图解效果:如图9-15、图9-16所示。

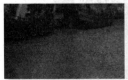

原图像　　　　　　小波纹效果　　　　　　中波纹效果　　　　　　大波纹效果

图9-15　　　　　　　　　　　　　　　　图9-16

3. 玻璃滤镜

(1)作用:使图像看上去如同隔着玻璃观看一样,此滤镜不能应用于 CMYK 和 Lab 模式的图像。

(2)调节参数。

● 扭曲度:控制图像的扭曲程度,范围是 0~20。
● 平滑度:平滑图像的扭曲效果,范围是 1~15。
● 纹理:可以指定纹理效果,可以选择现成的结霜、块、画布和小镜头纹理,也可以载入其他纹理。
● 缩放:控制纹理的缩放比例。
● 反相:使图像的暗区、亮区相互转换。

(3)原图像:如图 9-17 所示。

图解效果:如图 9-18、图 9-19 所示。

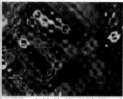

原图　　　　　　　　画布纹理效果　　　　　　结霜纹理效果　　　　　小镜头纹理效果

图 9-17　　　　　　　　　　　　图 9-18　　　　　　　　　　　图 9-19

4. 海洋波纹滤镜

(1)作用:使图像产生普通的海洋波纹效果,此滤镜不能应用于 CMYK 和 Lab 模式的图像。

(2)调节参数:①波纹大小,调节波纹的尺寸;②波纹幅度,控制波纹振动的幅度。

(3)图解效果:如图 9-20 所示。

原图像　　　　　　　　　　　　　　海洋波纹效果

图 9-20

5. 极坐标滤镜

(1)作用:可将图像的坐标从平面坐标转换为极坐标或从极坐标转换为平面坐标。

(2)调节参数:①平面坐标到极坐标,将图像从平面坐标转换为极坐标;②极坐标到平面坐标,将图像从极坐标转换为平面坐标。

(3)图解效果:如图 9-21、图 9-22 所示。

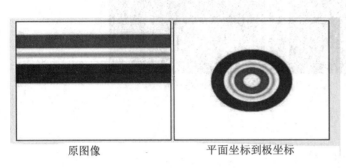

原图像　　　　平面坐标到极坐标

图 9-21

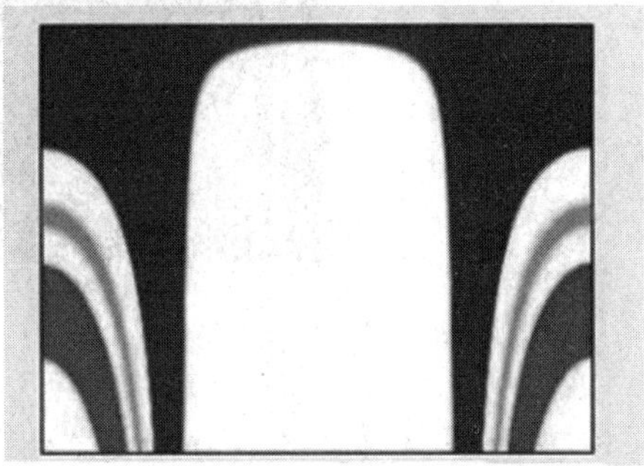

极坐标到平面坐标

图 9-22

6. 挤压滤镜

(1)作用:使图像的中心产生凸起或凹下的效果。

(2)调节参数:

- ● 数量:控制挤压的强度,正值为向内挤压,负值为向外挤压,范围是-100%~100%。

(3)图解效果:如图 9-23、图 9-24 所示。

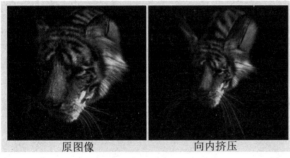

原图像　　　　　向内挤压

图 9-23

向外挤压

图 9-24

7. 扩散亮光滤镜

(1)作用:向图像中添加透明的背景色颗粒,在图像的亮区向外进行扩散添加,产生一种类似发光的效果。此滤镜不能应用于 CMYK 和 Lab 模式的图像。

(2)调节参数:

- ● 粒度:为添加背景色颗粒的数量。
- ● 发光量:增加图像的亮度。
- ● 清除数量:控制背景色影响图像的区域大小。

(3)图解效果:如图 9-25 所示。

原图像　　　　　　　　　　扩散亮光效果

图 9-25

8. 切变滤镜

(1)作用:可以控制指定的点来弯曲图像。

(2)调节参数:

- 折回:将切变后超出图像边缘的部分反卷到图像的对边。
- 重复边缘像素:将图像中因为切变变形超出图像的部分分布到图像的边界上。

9. 球面化滤镜

(1)作用:可以使选区中心的图像产生凸出或凹陷的球体效果,类似挤压滤镜的效果。

(2)调节参数:

- 数量:控制图像变形的强度,正值产生凸出效果,负值产生凹陷效果,范围是 -100% ~ 100%。
- 正常:在水平和垂直方向上共同变形。
- 水平优先:只在水平方向上变形。
- 垂直优先:只在垂直方向上变形。

(3)图解效果:如图 9-26 所示。

10. 水波滤镜

(1)作用:使图像产生同心圆状的波纹效果。

(2)调节参数:

- 数量:为波纹的波幅。
- 起伏:控制波纹的密度。
- 围绕中心:将图像的像素绕中心旋转。
- 从中心向外:靠近或远离中心置换像素。
- 水池波纹:将像素置换到中心的左上方和右下方。

(3)图解效果:如图 9-27 所示。

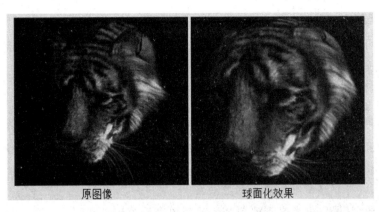

原图像　　　　　　　球面化效果

图 9-26

原图像　　　　　　　水波效果

图 9-27

11. 旋转扭曲滤镜

(1)作用:使图像产生旋转扭曲的效果。

(2)调节参数:

● 角度:调节旋转的角度,范围是-999°～999°。

(3)图解效果:如图 9-28 所示。

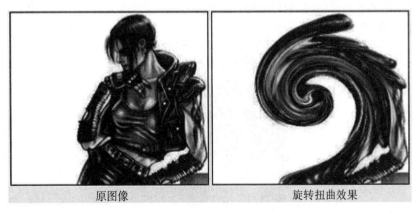

原图像　　　　　　　旋转扭曲效果

图 9-28

12. 置换滤镜

(1)作用:可以产生弯曲、碎裂的图像效果。置换滤镜比较特殊的是设置完毕后,还需要选择一个图像文件作为位移图,滤镜根据位移图上的颜色值移动图像像素。

(2)调节参数:

- 水平比例:滤镜根据位移图的颜色值将图像的像素在水平方向上移动的值。
- 垂直比例:滤镜根据位移图的颜色值将图像的像素在垂直方向上移动的值。
- 伸展以适合:为变换位移图的大小以匹配图像的尺寸。
- 拼贴:将位移图重复覆盖在图像上。
- 折回:将图像中未变形的部分反卷到图像的对边。
- 重复边缘像素:将图像中未变形的部分分布到图像的边界上。

(3)图解效果:如图 9-29、图 9-30 所示。

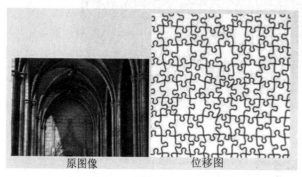 

原图像   位移图   置换效果

图 9-29   图 9-30

三、第三组:杂色

1. 蒙尘与划痕滤镜

(1)作用:可以捕捉图像或选区中相异的像素,并将其融入周围的图像中去。

(2)调节参数:如图 9-31 所示。

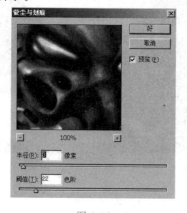

图 9-31

● 半径:控制捕捉相异像素的范围。

● 阀值:用于确定像素的差异达到何值时被消除。

(3)图解效果:如图 9-32 所示。

2. 去斑滤镜

(1)作用:检测图像边缘颜色变化较大的区域,通过模糊除边缘以外的其他部分,以起到消除杂色的作用,但不损失图像的细节。

(2)调节参数:无。

(3)图解效果:如图 9-33 所示。

| 原图像 | 蒙尘与划痕效果 | 原图像 | 去斑效果 |

图 9-32　　　　　　　　　　　　　图 9-33

3. 添加杂色滤镜

(1)作用:将添入的杂色与图像相混合。

(2)调节参数:如图 9-34 所示。

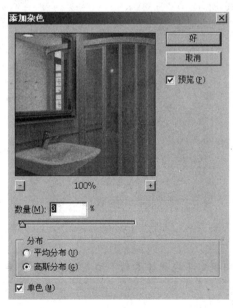

图 9-34

● 数量:控制添加杂色的百分比。

● 平均分布:使用随机分布产生杂色。

● 高斯分布:根据高斯钟形曲线进行分布,产生的杂色效果更明显。

● 单色:选中此复选框,添加的杂色将只影响图像的色调,而不会改变图像的颜色。

(3)图解效果:如图 9-35 所示。

原图像　　　　　　　　　　　添加杂色效果

图 9-35

4. 中间值滤镜

(1)作用:通过混合像素的亮度来减少杂色。

(2)调节参数:如图 9-36 所示。

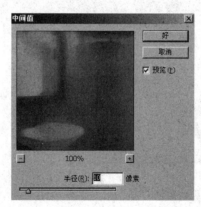

图 9-36

● 半径:此滤镜将用规定半径内像素的平均亮度值来取代半径中心像素的亮度值。

(3)图解效果:如图 9-37 所示。

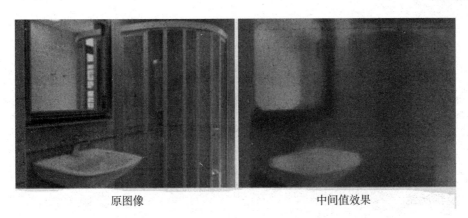

原图像　　　　　　　　　　　　中间值效果

图 9-37

四、第四组：模糊

模糊滤镜主要是使选区或图像柔和,淡化图像中不同色彩的边界,以达到掩盖图像的缺陷或创造出特殊效果的作用。

1. 动感模糊滤镜

(1)作用:对图像沿着指定的方向(-360°~+360°),以指定的强度(1~999)进行模糊。

(2)调节参数:如图 9-38 所示。

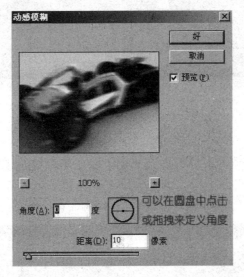

图 9-38

- 角度:设置模糊的角度。
- 距离:设置动感模糊的强度。

(3)图解效果:如图 9-39 所示。

原图像　　　　　　　　　　　　动感模糊效果

图 9-39

2. 模糊滤镜

(1)作用:产生轻微模糊效果,可消除图像中的杂色,如果只应用一次效果不明显,可以重复应用。

(2)调节参数:无。

(3)图解效果:如图 9-40 所示。

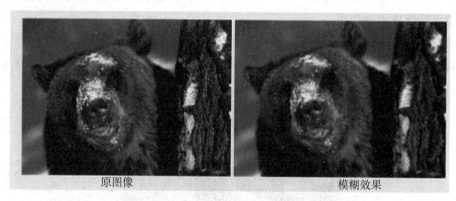

原图像　　　　　　　　　　　　模糊效果

图 9-40

3. 进一步模糊滤镜

(1)作用:产生的模糊效果为模糊滤镜效果的 3～4 倍,可以与图 9-40 进行对比。

(2)调节参数:无。

(3)图解效果:如图 9-41 所示。

图 9-41

4. 径向模糊滤镜

(1)作用:模拟移动或旋转的相机产生的模糊。

(2)调节参数:如图 9-42 所示。

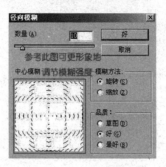

图 9-42

- 数量:控制模糊的强度,范围 1～100。
- 旋转:按指定的旋转角度沿着同心圆进行模糊。
- 缩放:产生从图像的中心点向四周发射的模糊效果。
- 品质:有三种品质——草图、好、最好,效果从差到好。

(3)图解效果:如图 9-43、图 9-44 所示。

原图像　　旋转效果

图 9-43

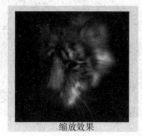
缩放效果

图 9-44

5. 特殊模糊滤镜

(1)作用:可以产生多种模糊效果,使图像的层次感减弱。

(2)调节参数:如图 9-45 所示。

- 半径:确定滤镜要模糊的距离。
- 阀值:确定像素之间的差别达到何值时可以对其进行消除。
- 品质:可以选择高、中、低三种品质。
- 模式:可以选择正常、边缘优先、叠加边缘三种模式。
  - ——正常:此模式只将图像模糊。
  - ——边缘优先:此模式可以勾画出图像的色彩边界。
  - ——叠加边缘:前两种模式的叠加效果。

图 9-45

(3)图解效果：如图 9-46、图 9-47 所示。

原图像　　　　　　　　　　　正常模式

图 9-46

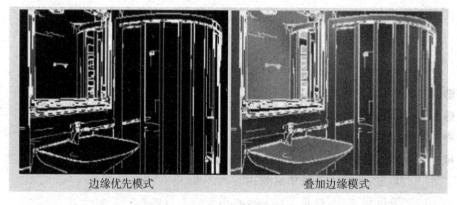

边缘优先模式　　　　　　　　叠加边缘模式

图 9-47

五、第五组:渲染

渲染滤镜使图像产生三维映射云彩图像、折射图像和模拟光线反射,还可以用灰度文件创建纹理进行填充,可用于模拟场景中的光照效果,该组包括了五种滤镜效果。

1. 分层云彩滤镜

(1)作用:使用随机生成的介于前景色与背景色之间的值来生成云彩图案,产生类似负片的效果,此滤镜不能应用于 Lab 模式的图像。

(2)调节参数:无。

(3)图解效果:如图 9-48 所示。

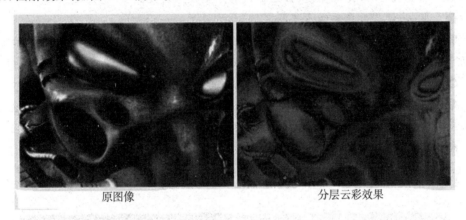

原图像　　　　　　　　　　　分层云彩效果

图 9-48

2. 光照效果滤镜

(1)作用:使图像呈现光照的效果,此滤镜不能应用于灰度、CMYK 和 Lab 模式的图像。

(2)调节参数:如图 9-49 所示。

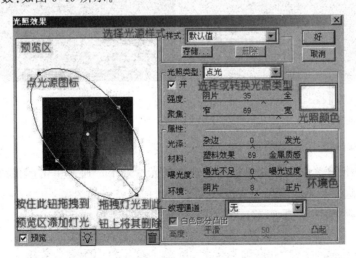

图 9-49

● 样式：滤镜自带了 17 种灯光布置的样式，用户可以直接调用，还可以将自己设置的参数存储为样式，以备日后调用。

● 光照类型：点光、平行光和全光源。

　　——点光：当光源的照射范围框为椭圆形时为斜射状态，投射下椭圆形的光圈；当光源的照射范围框为圆形时为直射状态，效果与全光源相同。

　　——平行光：均匀地照射整个图像，此类型灯光无聚焦选项。

　　——全光源：光源为直射状态，投射下圆形光圈。

● 强度：调节灯光的亮度，若为负值则产生吸光效果。

● 聚焦：调节灯光的衰减范围。

● 属性：每种灯光都有光泽、材料、曝光度和环境四种属性。通过单击窗口右侧的两个色块可以设置光照颜色和环境色。

● 纹理通道：选择要建立凹凸效果的通道。

● 白色部分凸出：默认此项为选中状态，若取消此项的选中，凸出的将是通道中的黑色部分。

● 高度：控制纹理的凹凸程度。

（3）图解效果：如图 9-50 所示。

原图像　　　　　　　　　　　　　　　光照效果

图 9-50

3. 镜头光晕滤镜

（1）作用：模拟亮光照射到相机镜头所产生的光晕效果。通过单击图像缩览图来改变光晕中心的位置，此滤镜不能应用于灰度、CMYK 和 Lab 模式的图像。

（2）调节参数：如图 9-51 所示。

● 种镜头类型：50～300 毫米变焦、35 毫米聚焦和 105 毫米聚焦三种。

（3）图解效果：如图 9-52、图 9-53 所示。

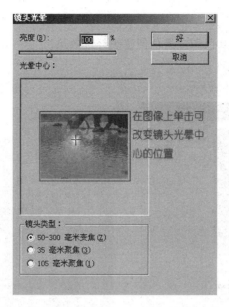

图 9-51

原图像　　　　　　　　　　50～300毫米变焦

图 9-52

35毫米变焦　　　　　　　　　105毫米变焦

图 9-53

4. 纤维

(1)作用:可以运用前景色和背景色创建织纤维效果。

(2)调节参数:如图 9-54 所示。

(3)图解效果:如图 9-55 所示。

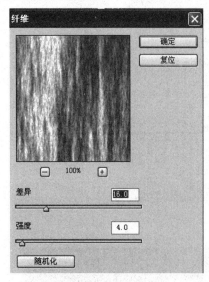

图 9-54

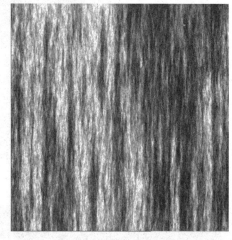

图 9-55

5. 云彩滤镜

(1)作用:使用介于前景色和背景色之间的随机值生成柔和的云彩效果,如果按住 Alt 键使用云彩滤镜,将会生成色彩相对分明的云彩效果。

(2)调节参数:无。

(3)图解效果:如图 9-56 所示。

原图像   云彩效果

图 9-56

六、第六组:画笔描边

画笔描边滤镜主要模拟使用不同的画笔和油墨进行描边创造出的绘画效果。注意:此

类滤镜不能应用在 CMYK 和 Lab 模式。

1. 喷溅滤镜

(1)作用:创建一种类似于透过浴室玻璃观看图像的效果。

(2)调节参数:如图 9-57 所示。

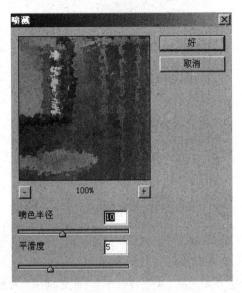

图 9-57

● 喷色半径:形成喷溅色块的半径。
● 平滑度:喷溅色块之间过渡的平滑度。

(3)图解效果:如图 9-58 所示。

原图像   喷溅

图 9-58

2. 喷色描边滤镜

(1)作用:使用所选图像的主色,并用成角的、喷溅的颜色线条来描绘图像,所以得到的与喷溅滤镜的效果很相似。

（2）调节参数：如图 9-59 所示。

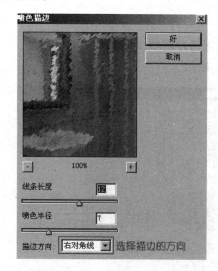

图 9-59

- 线条长度：调节勾画线条的长度。
- 喷色半径：形成喷溅色块的半径。
- 描边方向：控制喷色的走向（共有四种方向：垂直、水平、左对角线和右对角线）。

（3）图解效果：如图 9-60 至图 9-62 所示。

图 9-60

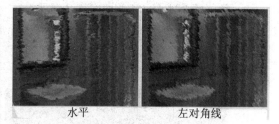

图 9-61

3. 强化的边缘滤镜

（1）作用：将图像的色彩边界进行强化处理。设置较高的边缘亮度值，将增大边界的亮度；设置较低的边缘亮度值，将降低边界的亮度。

（2）调节参数：如图 9-63 所示。

- 边缘宽度：设置强化的边缘的宽度。
- 边缘亮度：控制强化的边缘的亮度。
- 平滑度：调节被强化的边缘，使其变得平滑。

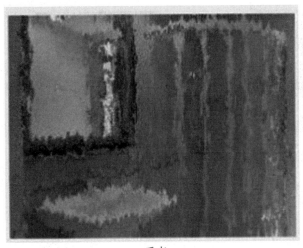

垂直

图 9-62

图 9-63

(3)图解效果:如图 9-64 所示。

4. 深色线条滤镜

(1)作用:用黑色线条描绘图像的暗区,用白色线条描绘图像的亮区。

(2)调节参数:如图 9-65 所示。

原图像

强化的边缘

图 9-64

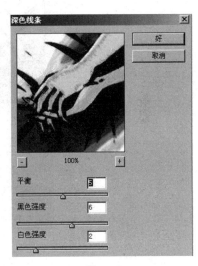

图 9-65

● 平衡:控制笔触的方向。

● 黑色强度:控制图像暗区线条的强度。

● 白色强度:控制图像亮区线条的强度。

(3)图解效果:如图 9-66 所示。

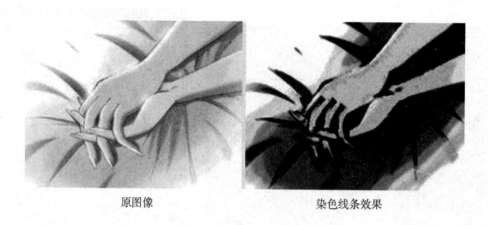

原图像   染色线条效果

图 9-66

5. 烟灰墨滤镜

(1)作用：以日本画的风格来描绘图像,类似于应用深色线条滤镜之后又模糊的效果。

(2)调节参数：如图 9-67 所示。

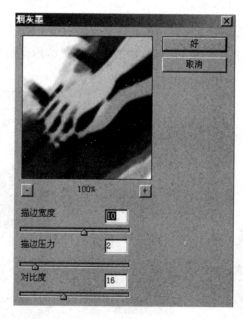

图 9-67

- ● 描边宽度：调节描边笔触的宽度。
- ● 描边压力：描边笔触的压力值。
- ● 对比度：可以直接调节结果图像的对比度。

(3)图解效果：如图 9-68 所示。

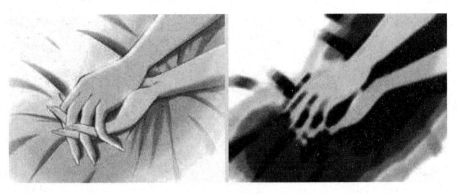

图 9-68

7.墨水轮廓

(1)作用:用纤细的线条勾画图像的色彩边界,类似于钢笔画的风格。

(2)调节参数:如图 9-69 所示。

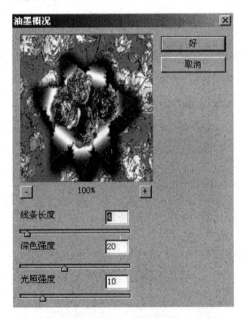

图 9-69

- ● 线条长度:设置勾画线条的长度。
- ● 深色强度:控制将图像变暗的程度。
- ● 光照强度:控制图像的亮度。

(3)图解效果:如图 9-70 所示。

图 9-70

七、第七组：素描

素描滤镜用于创建手绘图像的效果,简化图像的色彩。此类滤镜不能应用在 CMYK 和 Lab 模式。

1. 炭精笔滤镜

(1)作用:可用来模拟炭精笔的纹理效果。在暗区使用前景色,在亮区使用背景色替换。

(2)调节参数:如图 9-71 所示。

图 9-71

● 前景色阶:调节前景色的作用强度。

● 背景色阶:调节背景色的作用强度。

　　用户可以选择一种纹理,通过缩放和凸现滑块对其进行调节,但只有在凸现值大于零时纹理才会产生效果。

　　● 光照方向:指定光源照射的方向。

　　● 反相:可以使图像的亮色和暗色进行反转。

(3)图解效果:如图9-72所示。

原图像　　　　　　　　　　　　　炭精笔效果

图9-72

2. 半调图案滤镜

(1)作用:模拟半调网屏的效果,并且保持连续的色调范围。

(2)调节参数:如图9-73所示。

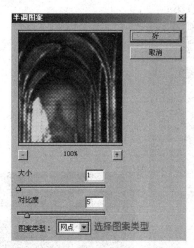

图9-73

　　● 大小:可以调节图案的尺寸。

　　● 对比度:可以调节图像的对比度。

　　● 图案类型:包含圆圈、网点和直线三种图案类型。

(3)图解效果:如图9-74所示。

原图像　　　　　　　　　　　半调图案效果

图 9-74

3. 便条纸滤镜

(1)作用:模拟纸浮雕的效果。与颗粒滤镜和浮雕滤镜先后作用于图像所产生的效果类似。

(2)调节参数:如图 9-75 所示。

● 图像平衡:用于调节图像中凸出和凹陷所影响的范围。凸出部分用前景色填充,凹陷部分用背景色填充。

● 粒度:控制图像中添加颗粒的数量。

● 凸现:调节颗粒的凹凸效果。

(3)图解效果:如图 9-76 所示。

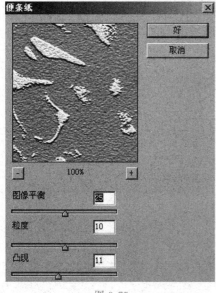

图 9-75

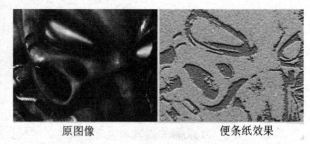

原图像　　　　　　　　便条纸效果

图 9-76

4. 铬黄滤镜

(1)作用:将图像处理成银质的铬黄表面效果。亮部为高反射点,暗部为低反射点。

（2）调节参数：如图 9-77 所示。

● 细节：控制细节表现的程度。

● 平滑度：控制图像的平滑度。

（3）图解效果：如图 9-78 所示。

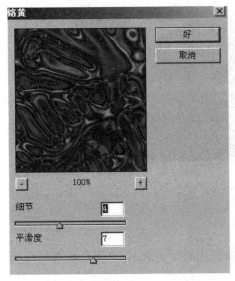

图 9-77

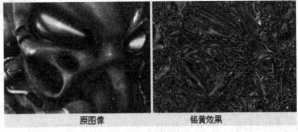

图 9-78

5. 塑料效果滤镜

（1）作用：模拟塑料浮雕效果，并使用前景色和背景色为结果图像着色。暗区凸起，亮区凹陷。

（2）调节参数：如图 9-79 所示。

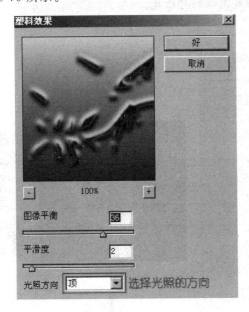

图 9-79

● 图像平衡:控制前景色和背景色的平衡。

● 平滑度:控制图像边缘的平滑程度。

● 光照方向:确定图像的受光方向。

(3)图解效果:如图 9-80 所示。

原图像   塑料效果

图 9-80

6. 炭笔滤镜

(1)作用:产生色调分离的、涂抹的素描效果。边缘使用粗线条绘制,中间色调用对角描边进行勾画。炭笔应用前景色,纸张应用背景色。

(2)调节参数:如图 9-81 所示。

● 炭笔粗细:调节炭笔笔触的大小。

● 细节:控制勾画的细节范围。

● 明/暗平衡:调节图像的对比度。

(3)图解效果:如图 9-82 所示。

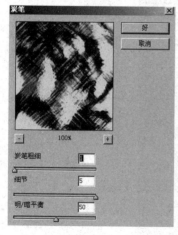

图 9-81

原图像   炭笔效果

图 9-82

7. 图章滤镜

(1)作用：简化图像,使之呈现图章盖印的效果,此滤镜用于黑白图像时效果最佳。

(2)调节参数：如图 9-83 所示。

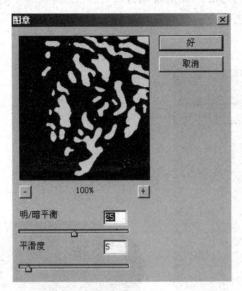

图 9-83

● 明/暗平衡：调节图像的对比度。

● 平滑度：控制图像边缘的平滑程度。

(3)图解效果：如图 9-84 所示。

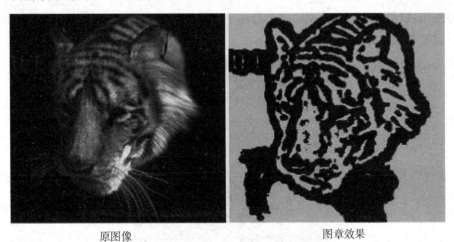

原图像   图章效果

图 9-84

8. 网状滤镜

(1)作用：使图像的暗调区域结块,高光区域好像被轻微颗粒化。

（2）调节参数：如图 9-85 所示。

● 浓度：控制颗粒的密度。

● 前景色阶（黑色色阶）：控制暗调区的色阶范围。

● 背景色阶（白色色阶）：控制高光区的色阶范围。

（3）图解效果：如图 9-86 所示。

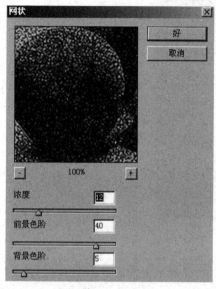

图 9-85

原图像　　　　　　网状效果

图 9-86

9. 影印滤镜

（1）作用：模拟影印图像效果。暗区趋向于边缘的描绘，而中间色调为纯白或纯黑色。

（2）调节参数：如图 9-87 所示。

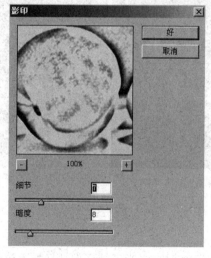

图 9-87

● 细节：控制结果图像的细节。

● 暗度：控制暗部区域的对比度。

（3）图解效果：如图 9-88 所示。

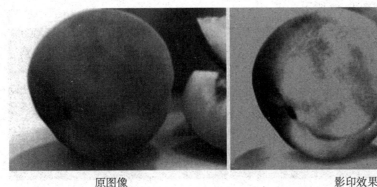

原图像　　　　　　　　　　　　影印效果

图 9-88

八、第八组：纹理

纹理滤镜为图像创造各种纹理材质的感觉。注意：此组滤镜不能应用于 CMYK 和 Lab 模式的图像。

1. 龟裂缝滤镜

（1）作用：根据图像的等高线生成精细的纹理，应用此纹理使图像产生浮雕的效果。

（2）调节参数：如图 9-89 所示。

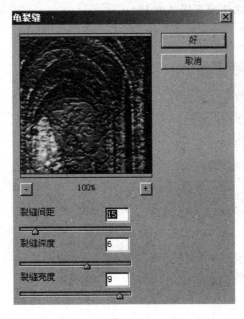

图 9-89

- 裂缝间距:调节纹理的凹陷部分的尺寸。
- 裂缝深度:调节凹陷部分的深度。
- 裂缝亮度:通过改变纹理图像的对比度来影响浮雕的效果。

(3)图解效果:如图 9-90 所示。

原图像　　　　　　　　　　　　　　龟裂缝效果

图 9-90

2. 颗粒滤镜

(1)作用:模拟不同的颗粒(常规、软化、喷洒、结块、强反差、扩大、点刻、水平、垂直和斑点)纹理添加到图像的效果。

(2)调节参数:如图 9-91 所示。

- 强度:调节纹理的强度。
- 对比度:调节结果图像的对比度。
- 颗粒类型:可以选择不同的颗粒。

(3)图解效果:如图 9-92 所示。

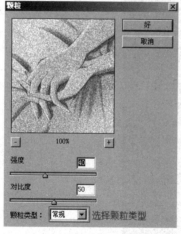

图 9-91

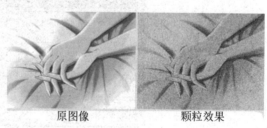

原图像　　　　　　颗粒效果

图 9-92

3. 马赛克拼贴滤镜

(1)作用：使图像看起来由方形的拼贴块组成，而且图像呈现出浮雕效果。

(2)调节参数：如图 9-93 所示。

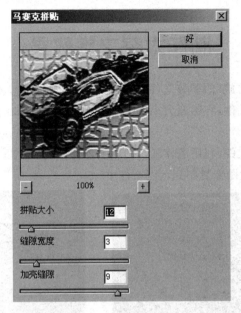

图 9-93

- 拼贴大小：调整拼贴块的尺寸。
- 缝隙宽度：调整缝隙的宽度。
- 加亮缝隙：对缝隙的亮度进行调整，从而起到在视觉上改变了缝隙深度的效果。

(3)图解效果：如图 9-94 所示。

原图像　　　　　　　　　　马赛克拼贴效果

图 9-94

项目十　综合实例

制作太空之旅效果

（1）新建名为"太空之旅"的图像文件，大小为 800×600 像素，RGB 模式，白色背景色。

（2）打开 SC2.JPG 文件，将图像大小等比例缩放为 800×600 像素，然后粘在新建文件中，如图 10-1 所示。

（3）打开 SC3.JPG 文件，利用魔棒工具选取黑色部分，执行"反选"命令，选择整个星球，如图 10-2 所示，将选中的图像复制到新建文件中。

图 10-1

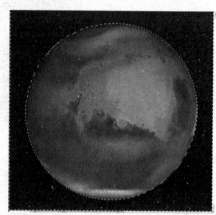
图 10-2

（4）打开 SC4.JPG 文件，利用上一步骤的方法选取宇航员，并将其粘贴到新建文件中。对选中的宇航员执行"自由变换"命令，使宇航员旋转到垂直方向，如图 10-3 所示。

图 10-3

图 10-4

所

。

制作镜中叶效果

(1)新建大小为 640×480 像素的文件,RGB 模式,黑色背景色。

(2)打开 SC5.JPG 文件,使用魔棒工具选取黄色圆盘,复制到背景中,如图 10-5 所示。

(3)打开 SC6.JPG 文件,如图 10-6,使用魔棒工具,不选"连续"复选框,建立选区。

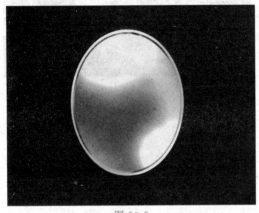

图 10-5

图 10-6

(4)将选区中的图像复制到新建文件中,并将图像调整到圆盘下方,如图 10-7 所示。

(5)打开 SC7.PSD 文件,将叶子直接拖动到新文件中,如图 10-8 所示。

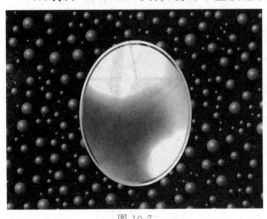

图 10-7

图 10-8

(6)将叶子建立选区,收缩 8 像素,使用 Delete 键删除,如图 10-9 所示。

(7)为圆盘添加外发光效果,如图 10-10 所示,并将结果以"镜中叶.PSD"保存。

图 10-9   图 10-10

制作五角星

(1)新建 400×400 像素的文件,RGB 模式,白色背景。

(2)使用多边形套索工具,勾勒出五角星形,如图 10-11 所示。

(3)使用多边形套索工具,从选区中减去,按顺时针的顺序分别减去一个角,如图 10-12 所示。

(4)将前景色设置为黑色进行填充,如图 10-13 所示。将效果保存为"五星.PSD"。

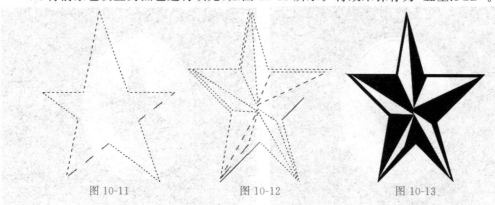

图 10-11   图 10-12   图 10-13

制作禁止吸烟标志

(1)新建文件:20cm×10cm,分辨率为 300 像素,白色背景。

(2)新建图层 1,建立矩形选区,如图 10-14 所示。

(3)将前景色设置为白色、背景色为浅灰色(♯D8C9DD),如图 10-15 所示。选择对称渐变方式,按 Shift 键在选区中央水平拖动。

(4)执行"选择→变换选区"命令,将鼠标光标放在选区的底部并向上拖动,将修改后的选区制作烟的滤嘴,如图 10-16 所示。

(5)将前景色设置为亮黄色(♯F9FBBF)，背景色设置为橙黄色(♯F48B0E)、再次选择渐变工具中的对称渐变，如图10-17所示。

图10-14　　图10-15　　图10-16　　图10-17

(6)接下来制作禁止吸烟标志，新建图层，使用椭圆形工具，画一个圆形。

(7)将前景色设置为红色(♯F12626)，给选区填充前景色，如图10-18所示。

(8)将选区变换缩小，将中央部分使用Delete键删除，如图10-16所示。

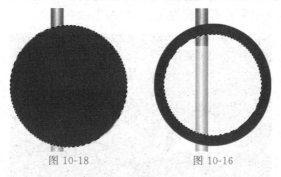

图10-18　　　　　图10-16

(9)新建图层，使用矩形选区建立选区，填充红色(♯F12626)。并使用自由变换工具，分别对烟和矩形进行旋转，如图10-20所示。

(10)调整图层的位置，并加上文字，如图10-21所示，将效果保存为"禁止吸烟.PSD"。

禁止吸烟！

图10-20　　　　　图10-21

制作天鹅戏水效果

(1)打开SC8.JPG文件。

(2)打开SC9.JPG文件，使用魔棒工具选中天鹅，将其粘贴到水波文件中，通过变换使其大小合适，如图10-22所示。

(3)将图层1中的天鹅复制一份,形成图层1副本,执行"垂直翻转"命令做水中倒影,如图 10-23 所示。

图 10-22

图 10-23

(4)选取椭圆选框工具,在天鹅的底部画椭圆,执行"滤镜→扭曲→水波"命令,设置围绕中心样式,将图层副本1的不透明度设为50%,如图 10-24 所示。

图 10-24

(5)重复步骤(2)~(4),完成第二只天鹅的制作,如图 10-25 所示。

图 10-25

泡泡笔刷的制作

(1)新建 400×400 像素的图像,并填充为黑色,双击背景层转换为图层 0,执行"滤镜→渲染→镜头光晕"命令,选用"105 毫米聚焦",如图 10-26 所示。

(2)执行"滤镜→扭曲→极坐标"命令,选择"极坐标到平面坐标",如图 10-27 所示。

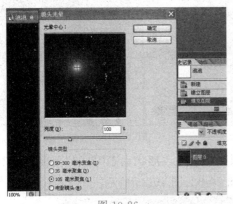

图 10-26

图 10-27

(3)执行"编辑→变换→旋转 180 度"命令,效果如图 10-28 所示。

(4)执行"滤镜→扭曲→极坐标"命令,选择"平面坐标到极坐标",如图 10-29 所示。最后,泡泡即可基本成形,如图 10-30 所示。

图 10-28

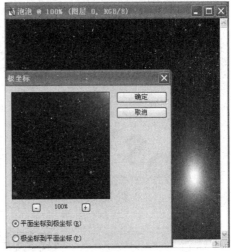

图 10-29

(5)用椭圆选框工具选中泡泡,羽化一个像素,反选,删除,再反选,然后反相,如图 10-31 所示。执行"编辑→定义画笔预设"命令,至此,泡泡笔刷就完成了。

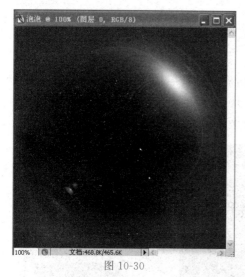

图 10-30

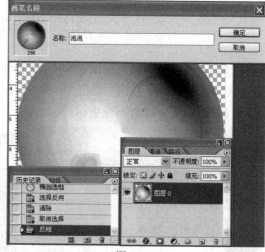

图 10-31

（6）在笔刷设置里进行适当的设置可做出很漂亮的效果，"形状动态"里的"角度抖动"一定要设置为 0，否则泡泡反射的光线会不一致，如图 10-32、图 10-33 所示。

图 10-32

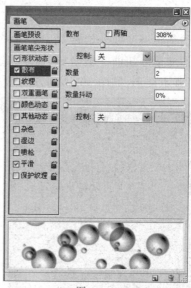

图 10-33

夜景片处理

原图如图 10-34 所示。

效果图如图 10-35 所示。

（1）先用"色阶"把图片调亮，如图 10-36、图 10-37 所示。

图 10-34

图 10-35

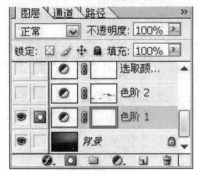

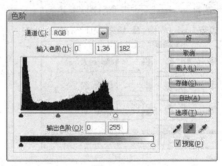

图 10-36　　　　　　　　　　　　　　图 10-37

　　(2)再添加一个"色阶"调整图层,稍微调暗些,然后用黑色画笔在"色阶"调整层的蒙版上把灯光效果涂出来。注意:画笔的硬度调到最低,不透明度设为 30%,如图 10-38 至图 10-41 所示。

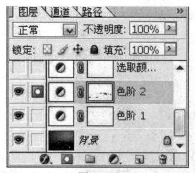

图 10-38   图 10-39

图 10-40   图 10-41

（3）用"可选颜色"增加灯光效果的强度，也就是增加红色，如图 10-42 至图 10-44 所示。

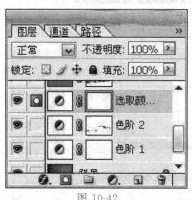

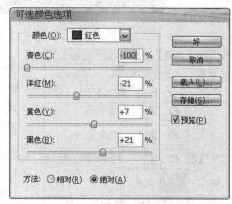

图 10-42   图 10-43

（4）添加一个"纯色"调整层，再选一种深蓝和浅蓝的渐变填充，并把混合模式设为"正片叠底"，如图 10-45、图 10-46 所示。

图 10-44

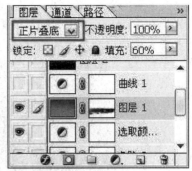

图 10-45

（5）新建一层，按 Ctrl＋Alt＋Shift＋E 盖印可见层，然后执行"滤镜→锐化→USM 锐化"命令，如图 10-47、图 10-48 所示。

图 10-46

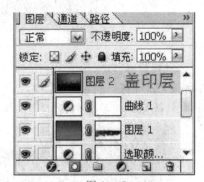

图 10-47

图 10-48

精美半透明蜡烛

（1）在 Photoshop 中先描绘外形，用渐变填充，如图 10-49 所示。

（2）大致勾出颜色较深的部位，如图 10-50 所示。

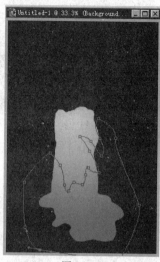

图 10-49   图 10-50

（3）转换成选区后适当羽化，用 Ctrl＋M 调整曲线。先将 RGB 三通道（默认状态下）中间点往下拉一些，使其颜色变暗一点；再将 R 通道曲线向上调，使其偏红，如图 10-51 所示。

（4）调另一区域颜色，如图 10-52 所示。

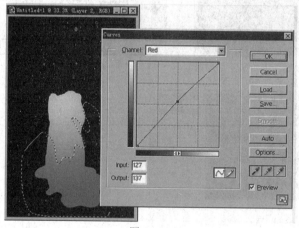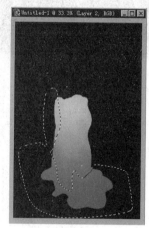

图 10-51   图 10-52

（5）利用 O 工具（加深、加亮、去色）、R 工具（模糊、涂抹，无须锐化）在其上调整，刻画出蜡烛表面的形体及体面的变化。首先用大画笔、高强度，先从大的块面开始；再慢慢使用小画笔、低强度去细化。如果颜色不理想，可新建一层填充合适颜色后通过改变叠加模式和透明度调整。本步骤较烦琐，需要细心和耐心。

（6）加高光，可用 PEN，描出高光的区域形状，如图 10-53 所示。

（7）转化为选区后适当羽化，新建一层填充白色；降低其透明度到合适，然后调整，这时可能用到 E（橡皮擦），结果如图 10-54 所示。

图 10-53 图 10-54

（8）对于其他次高光点，新建一层，将图层模式改为"叠加"，在其上先用 P（毛笔）点出大概位置，调整透明度到合适（20％左右），如图 10-55 所示。

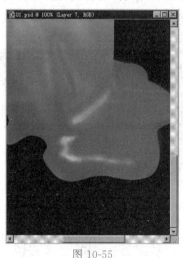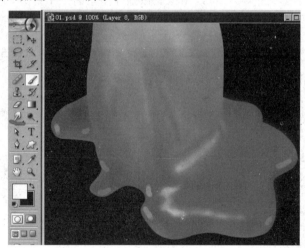

图 10-55 图 10-56

（9）用 R 中的手指（涂抹工具）调整其形状，用 E（橡皮擦）改变其透明度。调整后如图 10-57 所示。

（10）下面画蜡烛的火焰部分。新建一稍小的正方形图，在其上绘制出一圆形渐变，注意选区有羽化，如图 10-58 所示。

（11）为了方便观察，将背景改成黑色。在该层应用一个圆形渐变蒙版，，如图 10-59 所示。

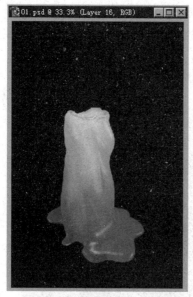

图 10-57

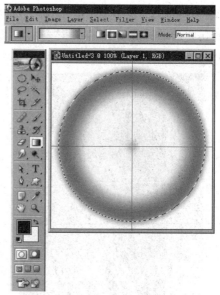

图 10-58

（12）选中蒙版，调整蒙版曲线，如图 10-59 所示。

（13）按 Ctrl＋T，将圆形变成一个长条，删除蒙版，应用；再加上一个上下渐变的蒙版。为了避免麻烦，也可以用橡皮擦擦掉多余的下半部分，如图 10-60 所示。

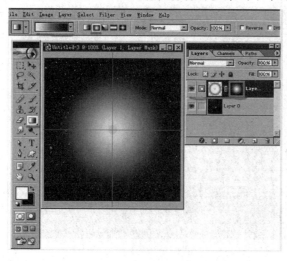

图 10-59

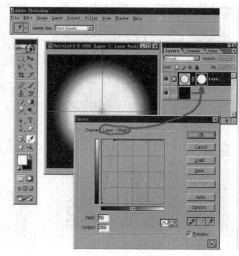

图 10-60

（14）将做好的火焰半成品拖入蜡烛中调整其大小，如图 10-61 所示。

（15）用涂添工具调整其形状，加上烛心，画出蓝色的火苗，如图 10-62 所示。

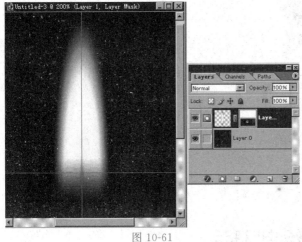

图 10-61

图 10-62

最终效果如图 10-63 所示。

图 10-63

手绘竹子

（1）建立选区：制作矩形选区（45×189 像素），填充渐变绿色（♯99cc66，♯2c5602）。

（2）选区编辑：使用椭圆选区切边形成竹子，同理制作竹节。

（3）效果装饰：涂抹叶子，复制竹子（使用画笔设置中的"形状动态"的"控制"下的"渐隐"）。

效果如图 10-64 所示。

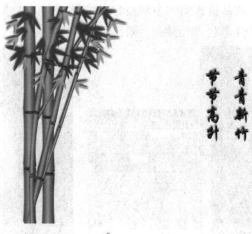

图 10-64

绘制羽毛

素材如图 10-65 所示。

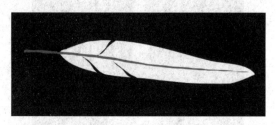

图 10-65

(1)绘画设定:设置细小绒毛画笔。

(2)绘画润饰:绘画羽毛的根部与边缘的绒毛画笔。

效果如图 10-66 所示。

图 10-66

绘制水草效果

素材如图 10-67 所示。

(1)绘画设定:设置大小为 24 像素扁圆画笔。

图 10-67

(2)绘画润饰：形状动态 4%，控制渐隐 100%，最小直径 6%，散布 116%，控制渐隐 300%，数量 2，数量抖动 98%。

效果如图 10-68 所示。

图 10-68

永恒回忆

素材如图 10-69 所示。

图 10-69

(1)打开一幅枫叶的图片,如图 10-70 所示。

图 10-70

(2)选择菜单栏中的"滤镜→艺术效果→霓虹灯光"命令,打开"霓虹灯光"对话框,将"发光大小"设置为 6,"发光亮度"为 20,单击"发光颜色"色标,打开"拾色器"对话框,将 RGB 值设置为 255、126、0。单击"好"按钮确定,效果如图 10-71 所示。

图 10-71

(3)复制背景图层,生成一个新的"背景副本"图层,选择菜单栏中的"图像→调整→照片滤镜"命令,打开"照片滤镜"对话框,单击颜色图标,打开"拾色器"对话框,将 RGB 的值设置为 52、113、145,单击"好"按钮确定,回到"照片滤镜"对话框,将颜色"浓度"的值设置为 67%,如图 10-72 所示,单击"好"按钮确定,效果如图 10-73 所示。

图 10-72

图 10-73

（4）在图层面板中将"背景副本"图层的图层混合模式设置为"线性光"，不透明度值设置为100％，效果如图10-74所示。

图 10-74

图 10-75

（5）复制背景图层生成一个新的"背景副本2"图层，将其拖动到"背景副本"层上面，选择菜单栏中的"图像→调整→色相/饱和度"命令，打开"色相/饱和度"对话框，选中"着色"复选框，将色相设置为0，饱和度设置为20，明度设置为－16，如图10-75所示。单击"好"按钮，效果如图10-76所示。

图 10-76

图 10-77

（6）将"背景副本2"图层的混合模式设置为"色相"，不透明度设置为64％，效果如图10-77所示。

（7）合并所有图层。新建一个文件，将其拖到新建文件中，效果如图10-78所示。

图 10-78

图 10-79

(8)单击工具箱中的"椭圆选框工具"按钮,在属性栏中设置羽化值为 10 像素,在图像中建立如图 10-79 所示的选区。

(9)按 Ctrl+Shift+I 键反选选区,按 Delete 键两次删除选区内容。按 Ctrl+D 键取消选区,效果如图 10-80 所示。

(10)单击工具箱中的"矩形框工具"按钮,在属性栏中设置羽化值为 10 像素,在图像中建立图 10-81 所示的选区,按 Delete 删除选区内的内容,效果如图 10-82 所示。

图 10-80

图 10-81

(11)在图像中输入文字,效果如图 10-83 所示。

图 10-82

图 10-83

(12)点缀几片枫叶,并添加效果,如图 10-84 所示。

图 10-84

（13）新建一个图层"图层4"，单击工具箱中的"渐变工具"按钮，在属性栏中选择"紫色和黄色"渐变色在图像中由上向下拖动鼠标，在图层面板中设置不透明度为20%，最终效果如图 10-85 所示。

图 10-85

浓情朱古力

（1）首先新建一个黑色背景的文档，如图10-86所示。

（2）然后执行"滤镜→渲染→镜头光晕"命令，如图10-87所示。

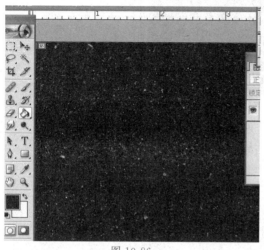

图 10-86

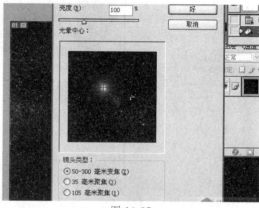

图 10-87

（3）执行"滤镜→画笔描边→喷色描边"命令，如图10-88所示。

（4）执行"滤镜→扭曲→波浪"命令，如图10-89所示。

图 10-88

图 10-89

（5）执行"滤镜→素描→铬黄"命令，如图10-90所示。

（6）进行上色，调整色彩平衡，参数如图10-91所示。

图 10-90

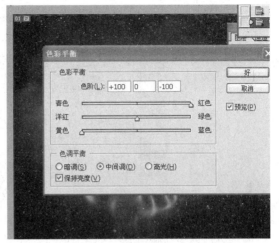
图 10-91

（7）最后执行"滤镜→扭曲→旋转扭曲"命令，使其出现旋转的效果，如图 10-92 所示。最终效果如图 10-93 所示。

图 10-92

图 10-93

简单打造水波效果

（1）新建文件，如图 10-94 所示。

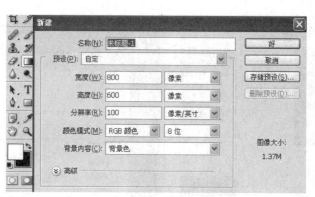

图 10-94

(2)执行"分层云彩"命令,如图 10-95 所示。

(3)执行"高斯模糊"命令,如图 10-96 所示。

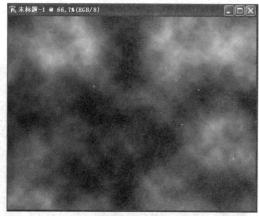

图 10-95

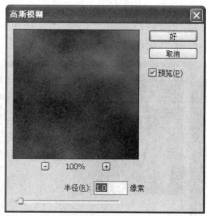

图 10-96

(4)执行"径向模糊"命令,如图 10-97 所示。

(5)执行"滤镜→素描→基底凸现"命令,如图 10-98 所示。

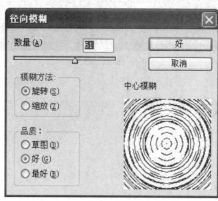

图 10-97

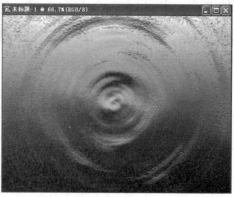

图 10-98

(6)执行"滤镜→素描→铬黄"命令,如图 10-99 所示。

(7)按 Ctrl+U 键,打开"色相/饱和度"对话框,如图 10-100 所示。

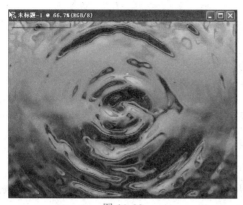

图 10-99

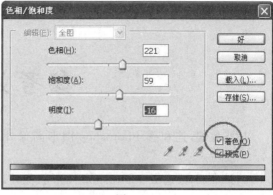

图 10-100

最终效果如图 10-102 所示。

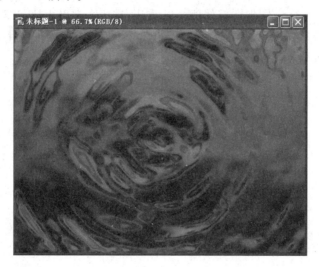

图 10-102

181

参考文献

[1]骆焦煌,连和缪.Photoshop 图形图像处理实例教程[M].北京:清华大学出版社,
　　2021.

[2]梁维娜,梁逸晟.Photoshop 图形图像处理应用教程:微课视频版[M].北京:清华大
　　学出版社,2020.

[3]王建国.Photoshop 图形图像处理项目教程[M].成都:电子科技大学出版社,2020.

[4]罗文君.Photoshop 图形图像处理[M].重庆:重庆大学出版社,2020.

[5]河南省职业技术教育教学研究室.Photoshop 图形图像处理实用教程[M].北京:电
　　子工业出版社,2019.